中国人群环境暴露行为模式
（2020年）

◎ 段小丽　曹素珍　赵晓丽　著

中国农业科学技术出版社

图书在版编目（CIP）数据

中国人群环境暴露行为模式．2020年/段小丽，曹素珍，赵晓丽著．--北京：中国农业科学技术出版社，2022.12
ISBN 978-7-5116-6137-1

Ⅰ．①中…　Ⅱ．①段…　②曹…　③赵…　Ⅲ．①环境影响—健康—研究报告—中国—2020　Ⅳ．①X503.1

中国版本图书馆CIP数据核字（2022）第246587号

责任编辑　任玉晶　刁　毓
责任校对　王　彦
责任印制　姜义伟　王思文

出 版 者　中国农业科学技术出版社
北京市中关村南大街12号　　邮编：100081
电　　话　（010）82106641（编辑室）（010）82109702（发行部）
（010）82109709（读者服务部）
传　　真　（010）82106650
网　　址　https：//castp.caas.cn
经 销 者　各地新华书店
印 刷 者　北京建宏印刷有限公司
开　　本　148 mm×210 mm　1/32
印　　张　5.75
字　　数　376千字
版　　次　2022年12月第1版　2022年12月第1次印刷
定　　价　58.00元

著者名单

主　著： 段小丽　曹素珍　赵晓丽

副主著： 陈　星　郭　倩　李　赛　徐翔宇

著　者（按拼音顺序排）：

曹素珍　陈　星　段小丽　高　菲　郭　倩　霍守亮

姜　楠　金小伟　李　赛　马　瑾　穆云松　秦　宁

王　颖　王贝贝　魏佳宁　温东森　吴丰昌　谢牧星

徐　建　徐翔宇　赵晓丽　郑方圆

序

良好的生态环境是最普惠的民生福祉，也是人类生存与发展的基础。习近平总书记提出建设富强、民主、文明、和谐、美丽的社会主义现代化强国，实施健康中国战略，促进人与自然和谐共生。2016年《“健康中国2030”规划纲要》中提出要开展人群暴露检测和健康效应监测，“实施环境与健康风险管理”，并将其作为我国当前的重要战略需求之一。2020年，“面向人民生命健康”的提出、“把健康融入所有政策”“强化生态环境与健康管理”的决策部署更是体现了国家当前对人民生命健康的高度重视。在新时期“双碳”背景和“减污降碳”协同发展的背景下，我国生态环境及人体健康的保护面临新问题和新挑战。

加强环境健康风险监测评估是国家环境保护“十四五”环境健康工作规划部署的首要任务之一，具体提出“丰富风险评估参数”，要修订中国人群暴露参数，及时反映经济和社会发展对中国人群环境暴露行为模式的影响，根据生态环境管理业务活动涉及的典型暴露场景，细化暴露参数分类。当前，我国的环境管理逐步进入风险管控阶段，降低人民群众的健康风险，一方面在于减少环境中的有毒有害污染物，另一方面在于减少人群与风险相关的环境暴露行为。因此，定期开展中国人群环境暴露行为模式调查，形成、更新并细化代表性人群、典型暴露场景的暴露参数，对于夯实环境与健康工作基础，提升环境风险管理与控制能力具要重要的意义。

美国、欧盟、日本、韩国、澳大利亚、加拿大等国家和地区均已开展了人群环境暴露行为模式研究，发布并更新了本国人群的环境暴露参数调查结果，在支持环境管理和保障健康的决策中发挥了重要作用。我国在“十二五”期间开展了中国成人暴露行为模式研究和儿童暴露行为模式研究，发布了我国首套《中国人群环境暴露行为模式研究报告》和《中国人群暴露参数手册》，为我国进行人群行为模式调查及影响因素研究奠定了基础。人群环境暴露行为模式研究是一个长期的系统工作，既受社会经济发展、地理、气候等因素影响，还受流行病传播、人为管控措施等因素影响。特别值得一提的是，席卷全球的新冠肺炎疫情是全人类健康面临的一次“大考”，这样的特殊时期，人群暴露行为模式呈现新特点，这方面的研究在国内还是空白，国际经验也极其匮乏。

为了更深入了解在经济社会发展、地理气候、流行病及人为管控措施等因素下我国人群的行为模式特征，北京科技大学于2020年初在全国范围内开展人群环境暴露行为模式调查研究工作。基于研究结果编制出版的《中国人群环境暴露行为模式（2020年）》，分析了不同地区、性别、年龄、流行性呼吸系统疾病传播程度、管控措施等因素下，中国人群饮食饮水摄入量、洗手频次与时间、开窗通风频次与时间、交通出行方式等时间活动模式特征及其他行为模式等，系统反映了典型暴露场景下我国人群的环境暴露行为特征，为更科学地开展流行病防控期间的人群环境暴露评价和环境健康风险评估提供科学依据。

本次研究成果的发布不仅有助于大众环境暴露健康风险防范意识的提升，还有助于国家更科学、更有针对性和更精准地开展环境健康风险评估工作。我们真诚地希望环保工作者及环境管理者重视，并积极开展、大力支持人群环境暴露行为模式研究工作，为美丽中国和健康中国目标的实现、推动生态文明建设与社会可持续发展作出贡献。

吴丰昌 中国工程院 院士
中国环境科学研究院环境基准与
风险评估国家重点实验室主任

前言

党的十八大以来，我国高度重视环境保护工作，对环境与健康工作也提出了更高的要求。2015年新修订的《环境保护法》第三十九条明确规定"国家建立、健全环境与健康监测、调查和风险评估制度；鼓励和组织开展环境质量对公众健康影响的研究，采取措施预防和控制与环境污染有关的疾病"，为开展环境与健康工作提供了法律依据。2016年中共中央、国务院发布了《"健康中国2030"规划纲要》，明确提出"建立健全环境与健康监测、调查和风险评估制度"，建立"人群暴露监测和健康效应监测的环境与健康综合监测网络及风险评估体系"，并作为我国当前的战略需求。习近平总书记也多次强调要把人民健康放在优先发展的战略地位，将健康融入所有政策，建设健康环境。生态环境部印发的《"十四五"环境健康工作规划》中明确要求加强对既有调查和监测数据的深入分析和应用，丰富风险评估参数等工作。而环境暴露行为模式研究的是人与环境介质或风险因素接触的方式和特征，是获取人群环境暴露风险健康相关参数的重要手段，是科学评价环境健康风险的关键基础研究。从20世纪末开始，美国环境保护局、韩国环境部等机构相继开展了本国居民环境暴露行为模式研究，发布了本国人群暴露参数手册，在支持环境管理决策中发挥了重要作用。我国在"十二五"期间先后开展了中国成人环境暴露行为模式研究和儿童环境暴露行为模式研究，形成我国首套《中国人群暴露参数手册》和《中国人群环境暴露行为模式研究报告》，为我国开展人群环境暴露行为模式调查及影响因素研究奠定了工作基础，填补了我国环境健康风险评价基础数据空白，提升了我国环境暴露健康风险评估的科学性。

人群环境暴露行为模式既受种族、地理分布、气象条件、社会经济等因素影响，还受流行病传播、管控措施等因素影响。为了更深入了解在社会经济条件和生活习惯等多重因素下我国人群的行为模式特征，提出有针对性的风险防范措施和对策，提高我国环境健康风险评价的准确性，2020年初北京科技大学开展了全国人群环境暴露行为模式调查。基于此编制《中国人群环境暴露行为模式（2020 年》（以下简称《行为模式》），以探究我国不同性别、年龄、地区的人群在 2020 年初的环境暴露行为特征，分析相关影响因素，建立暴露参数数据库。相关研究结果可为更科学地开展流行病防控期间的人群环境暴露评价和环境健康风险评估提供科学依据，也为国家政府及相关部门流行病防控工作提供科学支撑。

《行为模式》共包括 13 章，第 1 章是编制说明，第 2 ~ 12 章为各环境暴露行为模式的主体内容，第 13 章为行为模式对流行性呼吸系统疾病影响的案例分析。其中，第 2 ~ 12 章根据行为模式的特征分为 3 种类型的参数：摄入量参数、时间活动模式参数和日常防护措施参数。摄入量参数包括人群的饮水摄入量、饮食摄入量等；时间活动模式参数包括洗澡时间和频率、开窗通风时间和频率、交通出行方式、运动类型和时间等；日常防护措施参数包括洗手行为、戴口罩行为、外出防护措施、小区防护措施、医废收处防护措施等。每类参数都列出了该参数的“推荐值”，即最能代表 2020 年初我国人群总体暴露特征的数值。在每一章都列举了相应的表格，并在前言部分提供了所有参数的推荐值，在全国层面开展环境暴露健康风险评价中可以直接引用。本书每一章附表还列出了该参数的详细信息（由于篇幅限制，附表以电子形式呈现，读者可扫描下方二维码下载），包括分片区、分省、分城乡、分性别、分年龄、分流行性疾病传播等级地区的参数均值、百分位值（P5、P25、P50、P75、P95）或分布频率等，以便于读者根据具体情况予以应用。

由于时间仓促，在编制过程中难免有不足之处，敬请广大读者批评指正。

扫码下载附表

编写组

中国人群暴露参数推荐值总表（2020年初）

			城乡			城市			农村		
			平均	男	女	平均	男	女	平均	男	女
摄入量参数	每日饮水量（mL/d）		1 010	1 161	895	1 030	1 182	921	946	1 102	806
	每日饮食摄入量比例（%）	每日摄入谷薯类食物250～400 g	84.2	84.6	83.9	84.0	84.5	83.7	84.7	84.9	84.6
		每日摄入蛋白质食物（瘦肉、蛋等）150～200 g	87.7	87.5	87.8	88.0	87.8	88.2	86.5	86.8	86.3
		每天摄入5种以上新鲜蔬果	43.6	40.6	45.9	44.5	41.1	46.9	40.9	39.1	42.5
时间活动模式参数	通风频率（次/d）		2.7	2.8	2.6	2.6	2.8	2.5	2.8	3.0	2.7
	总通风时间（min/d）		116.3	124.2	110.3	113.2	119.3	108.9	125.9	137.9	115.4
	人群平均每日洗澡时间（min/d）		11	10	11	11	10	11	11	10	12
	人群平均单次洗手时间（s）		21.51	21.47	21.54	21.38	21.40	21.36	21.91	21.65	22.14
	人群洗澡频次（次/周）（%）	1	22.6	23.1	22.3	20.9	21.1	20.8	28.0	28.7	27.4
		2	24.8	22.6	26.5	24.5	22.2	26.2	25.7	23.6	27.5
		3	23.4	22.1	24.4	23.6	22.3	24.6	22.9	21.6	24.0
		4	7.3	8.8	6.3	7.6	9.0	6.5	6.7	8.1	5.4
		5	4.5	5.3	3.8	4.5	5.1	4.0	4.4	5.8	3.1
		6	1.8	2.2	1.5	1.9	2.4	1.6	1.4	1.5	1.3
		7	14.9	15	14.8	16.4	17	15.9	10.1	9.5	10.7
		8	0.2	0.3	0.1	0.2	0.3	0.1	0.2	0.4	0.0
		9	0.0	0.0	0.0	0.0	0.0	0.0	0.1	0.1	0.0
		10	0.5	0.7	0.3	0.4	0.7	0.2	0.7	0.7	0.7

续表

			城乡			城市			农村		
			平均	男	女	平均	男	女	平均	男	女
时间活动模式参数	运动时间（次/周）（%）	1	100.0	39.2	60.8	100.0	35.4	64.6	100.0	51.0	49.0
		2	100.0	41.0	59.0	100.0	38.8	61.2	100.0	47.7	52.3
		3	100.0	44.2	55.8	100.0	43.2	56.8	100.0	47.1	52.9
		4	100.0	43.3	56.7	100.0	42.3	57.7	100.0	46.8	53.2
		5	100.0	43.5	56.5	100.0	43.2	56.8	100.0	44.8	55.2
		6	100.0	39.4	60.6	100.0	37.0	63.0	100.0	46.7	53.3
		7	100.0	49.2	50.8	100.0	48.4	51.6	100.0	51.9	48.1
		8	100.0	64.7	35.3	100.0	61.5	38.5	100.0	75.0	25.0
		9	100.0	0.0	100.0	100.0	0.0	100.0	0.0	0.0	0.0
		10	100.0	55.7	44.3	100.0	59.7	40.3	100.0	46.7	53.3
	主要的运动类型（%）	散步	100.0	49.7	50.3	100.0	49.4	50.6	100.0	50.6	49.4
		慢跑	100.0	56.6	43.4	100.0	54.2	45.8	100.0	63.5	36.5
		瑜伽	100.0	5.4	94.6	100.0	6.5	93.5	100.0	0.8	99.2
		仰卧起坐	100.0	40.2	59.8	100.0	40.6	59.4	100.0	38.5	61.5
		蹲起	100.0	47.6	52.4	100.0	48.1	51.9	100.0	45.6	54.4
		俯卧撑	100.0	91.4	8.6	100.0	90.9	9.1	100.0	92.6	7.4
		健美操	100.0	10.2	89.8	100.0	9.2	90.8	100.0	14.5	85.5
		羽毛球	100.0	35.4	64.6	100.0	33.1	66.9	100.0	38.4	61.6
		篮球	100.0	89.9	10.1	100.0	91.8	8.2	100.0	88.0	12.0

续表

			城乡			城市			农村		
			平均	男	女	平均	男	女	平均	男	女
时间活动模式参数	主要的运动类型（%）	乒乓球	100.0	60.4	39.6	100.0	58.8	41.2	100.0	63.2	36.8
		网球	100.0	83.3	16.7	100.0	100.0	0.0	100.0	66.7	33.3
		健身房器材训练	100.0	65.1	34.9	100.0	64.4	35.6	100.0	70.0	30.0
		跳绳	100.0	46.0	54.0	100.0	43.8	56.2	100.0	54.5	45.5
		太极	100.0	31.3	68.8	100.0	30.5	69.5	100.0	33.3	66.7
		其他	100.0	72.7	27.3	100.0	62.5	37.5	100.0	100.0	0.0
	外出频次（%）	1 d多次	5.5	7.8	3.8	5.7	8.1	3.9	5.2	6.8	3.7
		1 d一次	12.6	15.2	10.7	13.9	16.6	11.9	8.8	11.2	6.6
		2 d一次	9.4	11.2	7.9	10.1	12.3	8.5	7.1	8.4	5.9
		3 d一次	11.6	12.5	10.9	12.6	13.7	11.7	8.5	9	8.1
		4 d一次	3.9	3.7	4.1	4.2	3.7	4.5	3.1	3.6	2.6
		5 d一次	3.4	3.2	3.5	3.3	3.4	3.2	3.7	2.9	4.5
		6 d一次	0.8	0.7	0.8	0.7	0.6	0.8	0.8	1.0	0.7
		一周一次	10.2	9.2	11.0	10.6	9.3	11.6	9.1	9.0	9.2
		一周以上一次	17.6	14.4	20.1	16.4	13.0	18.9	21.5	18.5	24.3
		不曾外出	24.9	22.1	27.1	22.6	19.3	25.0	32.2	29.7	34.5

续表

			城乡			城市			农村		
			平均	男	女	平均	男	女	平均	男	女
时间活动模式参数	出行方式（%）	步行	63.3	63.6	36.1	61.0	61.0	61.0	71.6	71.8	71.4
		出租车	4.0	3.8	4.1	4.5	4.6	4.6	1.9	1.5	2.2
		自行车或电动车	19.5	20.4	18.8	17.9	19.3	16.7	25.6	24.0	27.2
		公共交通	6.3	5.2	7.2	6.3	8.4	7.5	1.8	1.5	2.0
		私家车	41.6	40.5	41.0	44.4	45.3	43.7	28.5	29.4	27.6
日常防护措施参数	洗手行为分布（%）	传递物品（快递、外卖）前后	85.0	82.6	86.9	87.9	85.6	89.5	76.2	74.2	77.9
		在制备食品之前、期间和之后	93.2	91.0	94.8	93.5	91.5	95.0	92.1	89.6	94.3
		吃饭前	94.8	94.1	95.3	94.7	93.9	95.2	95.1	94.7	95.5
		上厕所后	98.1	97.7	98.5	98.2	97.9	98.4	97.9	97.1	98.7
		手脏时	98.3	97.7	98.7	98.5	98.1	98.7	97.6	96.8	98.4
		在接触他人后	84.2	82.8	85.3	85.7	84.1	86.9	79.5	79.1	79.9
		接触过动物之后	79.9	79.7	80.1	79.3	79.0	79.6	81.7	81.6	81.8
		外出回来后	92.9	91.3	94.1	94.6	93.4	95.5	87.6	85.7	89.3
	外出佩戴口罩类型（%）	不戴口罩	0.7	0.8	0.6	0.4	0.5	0.3	1.7	1.7	1.8
		使用医用防护口罩	11.2	13.0	9.7	11.5	12.7	10.6	10.0	14.0	6.2
		使用颗粒物防护口罩	22.6	24.4	21.0	25.0	26.6	23.7	14.1	17.5	10.8
		使用医用外科口罩	43.2	39.8	46.0	43.6	39.9	46.4	41.9	39.6	44.1
		使用一次性使用医用口罩	62.1	62.2	62.1	61.6	62.2	61.1	63.9	62.0	65.8
		使用普通口罩	9.7	8.5	10.6	8.9	8.2	9.4	12.4	9.4	15.4

续表

			城乡			城市			农村		
			平均	男	女	平均	男	女	平均	男	女
日常防护措施参数	外出口罩的更换频次（%）	一次一换，无论使用时间长久	23.9	22.8	24.8	22.2	20.7	23.3	29.9	29.4	30.4
		累计使用时长4 h更换一次	31.1	29.7	32.3	31.4	29.4	33.0	30.1	30.4	29.8
		累计使用时长24 h更换一次	31.9	32.4	31.4	33.9	35.3	32.8	24.7	23.3	26.1
		从不更换，有就行	7.1	9.5	5.2	6.3	8.6	4.5	9.9	12.3	7.7
		其他	6.0	5.6	6.3	6.1	5.9	6.3	5.4	4.6	6.1
	使用电梯按钮、门把手等高风险区域防护措施人群占比(%)	无防护措施	12.1	16.4	8.6	9.3	12.9	6.5	22.2	27.4	17.1
		触碰以后，及时洗手、消毒	40.5	40.4	40.5	40.1	40.4	39.9	41.6	40.5	42.7
		使用面巾纸、消毒纸巾等隔开，手不直接接触	47.4	43.2	50.9	50.5	46.7	53.6	36.1	32.1	40.2
	外出人群社交距离情况占比(%)	小于1.0 m	10.0	9.8	10.1	9.2	8.8	9.5	13.1	13.3	12.8
		1.0～2.0 m	71.7	69.6	73.5	73.1	70.7	75.0	66.3	65.7	66.9
		2.0 m以上	18.3	20.6	16.3	17.7	20.5	15.4	20.6	20.9	20.3
	人群外出回家时防护措施占比(%)	进行口罩消毒或密封处理	72.5	71.6	73.3	73.5	72.2	74.5	69.0	69.7	68.3
		使用酒精或消毒纸巾擦拭外出时使用的手机、钥匙等	72.0	67.1	76.0	74.9	69.0	79.5	61.1	60.8	61.4
		鞋、衣物在通风处放置	86.3	84.3	88.0	86.6	84.5	88.3	85.3	83.7	86.8

续表

			城乡			城市			农村		
			平均	男	女	平均	男	女	平均	男	女
日常防护措施参数	在超市、生鲜市场等场所人群占比(%)	全程佩戴口罩等防护用品	98.8	98.4	99.2	99.0	98.6	99.2	98.3	97.7	98.9
		避免人群密集处	93.5	92.8	94.1	93.5	93.0	93.9	93.6	91.9	95.2
		直接接触生鲜家禽	32.6	37.7	28.4	32.2	36.9	28.5	34.3	40.2	28.3
		直接接触市场垃圾、废水	24.9	29.4	21.1	24.0	28.0	20.9	28.2	33.9	22.2
		用手接触眼、口、鼻	35.7	41.6	30.8	33.2	38.9	28.8	44.7	50.3	39.2
		购物结束及时清洗手部	93.7	92.1	95.0	94.8	93.7	95.6	89.6	86.8	92.3
	小区防护措施占比（%）	小区或村庄进行全面消毒（%）	77.2	75.8	78.2	81.5	80.6	82.2	63.7	62.5	64.8
		小区或村庄控制居民进出人次（%）	91.1	91.5	90.8	90.2	91.1	89.6	93.9	92.7	95.0
		小区或村庄进行小区隔离，配送食品（%）	43.9	42.5	45.0	44.8	43.7	45.7	41.2	39.3	42.9
		小区或村庄进行进出测温，实名登记（%）	86.8	86.9	86.8	88.8	88.9	88.8	80.6	81.4	79.9

目录

1 编制说明

2 饮水摄入量

3 洗澡频率和时间

4 开窗通风频次和时间

5 交通出行方式

6 洗手行为

7 佩戴口罩行为

8 外出防护措施

9 饮食摄入量

10 运动类型和时间

11 小区防护措施

12 医疗废物收处防护措施

13 行为模式对流行性呼吸系统疾病的影响

1 编制说明

1.1 背景、目的和意义

1.1.1 2020 年初中国人群环境暴露行为模式

2020 年初突发的流行性呼吸系统疾病，给正常的社会生活秩序带来影响。而人群的行为模式如室外活动场所和时间、出行方式、洗手及佩戴口罩等行为，不仅对流行性疾病的防控有着至关重要的作用，也直接影响着人群对环境污染物暴露的健康风险。识别在此期间人群的环境暴露行为模式，不仅有利于流行性疾病防控措施的科学制定，也有助于科学开展人群环境暴露健康风险的评估工作，对于流行性疾病的科学防控和环境暴露健康风险的防范具有重要的现实意义。为此，国内外专家学者从不同角度对流行性疾病发生期间人群行为特点进行研究，并构建相关大数据平台。由微软亚洲研究院构建的流行性疾病数据分析网站 COVID Insights 于 2020 年 4 月 28 日上线，通过可视化和互动方式直观展现了流行性疾病在不同国家和地区的传播特性以及全球最新的相关研究热点；北京大学、西安交通大学、南京医科大学、香港大学以及英国兰卡斯特大学等国内外研究团队已运用大数据技术搭建流行性疾病传播模型，对病毒的传染源、传播速度、传播路径、传播风险等进行评估、预测；交通运输部科学研究院构建了交通出行的病毒易感评估模型对不同出行情景下人群易感度进行评估，为科学判断各交通方式出行过程中人群感染病毒的风险概率提供了信息。在此期间，为了最大程度地降低流行性疾病的传播速度，我国各级政府和部门先后实施了多项防止流行性疾病蔓延、扩散的指导政策，例如：戴口罩、勤洗手、多通风、少聚集等，较大程度地影响了人群环境暴露行为模式。受性别、年龄、地理地域、社会经济、流行病严重程度等因素的影响，人群环境暴露行为模式可能存在较大差异，采用统一的人群环境暴露行为模式参数可能给环境暴露健康风险评估带来较大的不确定性，而基于统一的人群环境暴露行为特征制定的流行病防控措施缺乏针对性，可能给流行病的防控带来过严或过松的后果，因此，亟须开展全国范围内的人群环境暴露行为模式特征调查研究，以识别不同地区、社会经济和流行病严重程度等因素下人群的环境暴露行为，分析其影响因素，为科学开展环境污染物暴露的健康风险评估提供科学支撑，为流行性疾病的科学防控提供依据。基于此，受中国工程院应急攻关项目支持，北京科技大学于 2020 年 2—3 月在全国层面开展了中国人群的环境暴露行为模式调查研究。

1.1.2 我国现有的中国人群环境暴露行为模式研究

根据《国家环境保护“十二五”环境与健康工作规划》，2011—2012 年和 2013—2014 年，环境保护部科技标准司委托中国环境科学研究院，分别针对我国 18 岁及以上人群、0 ～ 17 岁人群开展了“中国人群环境暴露行为模式研究”，并在此基础上，综合国内其他相关调查、研究及统计信息，形成了《中国人群暴露参数手册（成人卷）》《中国人群暴露参数手册（儿童卷：0 ～ 5 岁）》《中国人群暴露参数手册（儿童卷：6 ～ 17 岁）》。

以 18 岁及以上人群为例，《中国人群暴露参数手册（成人卷）》（以下简称《手册》）共 13 章。第 1 章是编制说明，介绍了编制《手册》的背景目的、工作过程、适用范围及使用方法等。第 2 ～ 13 章是《手册》的主体内容，根据参数类别分为 3 个部分，第一部分为第 2 ～ 5 章，是摄入量参数，包括呼吸量、饮水摄入量、饮食摄入量、土壤/尘摄入量；第二部分为第 6 ～ 9 章，是时间活动模式参数，包括与空气暴露相关的时间活动模式参数（室内外活动时间、交通出行方式和时间）、与水暴露相关的时间活动模式参数（洗澡时间、游泳时间等）、与土壤暴露相关的时间活动模式参数（土壤接触时间）、与电磁暴露相关的时间活动模式参数（与手机、电脑的接触时间等）；第三部分为第 10 ～ 13 章，是其他参数，包括体重、皮肤暴露参数、期望寿命和住宅相关参数。对于每类参数，均先介绍该参数的定义、影响因素和获取方法，然后是数据和资料的来源及参数的推荐值，最后是与国外相关参数的比较。此外，每章都以附表的形式列出了分地区（东中西、片区和省）、分城乡、分性别、分年龄的数据，有个别参数还列出了分季节的数据。附表中列出了样本量、算数均值，以及百分位数值（P5、P25、P50、P75、P95）。相关研究成果为我国环境暴露健康风险评估工作提供了重要的基础数据支撑，提升了我国环境暴露健康风险评估能力。

1.1.3 研究目的和意义

暴露评估是开展环境健康风险评估的核心步骤，是科学认识环境与健康关系的基础。为提高国家环境风险防控能力、保障公众健康，有序推进环境与健康工作，国家先后发布《中共中央国务院关于加快推进生态文明建设的意见》《"健康中国 2030"规划纲要》和《"十三五"生态环境保护规划》等文件，根据《国家环境保护"十三五"环境与健康工作规划》总体部署，要求进一步加强暴露评估模型和暴露参数相关基础科学研究，为不断拓展并完善环境与健康相关标准提供技术支撑。我国在"十二五"期间先后开展了中国成人环境暴露行为模式研究和儿童环境暴露行为模式研究，形成我国首套《中国人群暴露参数手册》（包括成人卷和儿童卷）和我国首套《中国环境暴露行为模式研究报告》，为我国开展人群环境暴露健康风险评估、相关标准 / 基准的制修订奠定了工作基础。已有研究表明，人群环境暴露行为模式受人群地理位置分布、气象条件、社会经济、人为管控措施等因素的影响。受城镇化、工业化和社会经济的快速发展及流行病传播防控措施的影响，人群的生活习惯和方式可能发生较大改变。

2020 年初为应对流行性疾病传播，相关管控措施及约束可能对人群环境暴露行为模式产生一定影响。"十二五"期间人群环境暴露行为模式的参数用于评估 2020 年初流行性疾病传播期间的环境暴露健康风险，可能给风险评估的结果带来较大的不确定性。在此背景下，为了更深入了解社会经济发展和人为管控措施等因素下我国人群的环境暴露行为模式特征，提高环境健康风险评估和流行病防控的科学性，北京科技大学基于全国范围开展的中国人群环境暴露行为模式调查研究，编制了《中国人群环境暴露行为模式（2020 年）》（以下简称《行为模式》），全面探究了我国不同地区、性别、年龄层人群在流行性疾病传播期间的环境暴露行为特征。《行为模式》的发布可为更加科学地开展流行病期间环境暴露评价和环境健康风险评估提供依据，为流行性疾病的精准防控提供基础信息，也可为类似流行性疾病防控和公共卫生事件的及时应对提供参考和依据。

1.2 工作过程

《行为模式》编制分为以下 3 个步骤，第一步是组织开展中国人群环境暴露行为模式研究，进行数据分析，获取《行为模式》所需的主要参数；第二步是搜集整理国内其他相关的调查资料、统计信息，并进行整理分析；第三步是在对数据进行评价的基础上，通过综合分析形成我国人群某类暴露参数的推荐值，并编写予以展示。

1.2.1 2020 年初中国人群环境暴露行为模式研究

2020 年初中国人群环境暴露行为模式研究由北京科技大学环境暴露与健康研究中心完成。研究对象包括我国 31 个省、自治区、直辖市（不包括香港、澳门特别行政区和台湾地区）的 344 个城市、1 744 个区 / 县 8 330 人（有效样本量 7 784 人）。研究于 2020 年 2 月 25 日至 3 月 14 日开展，通过电子问卷的方式进行在线调查，调查内容包括调查对象的基本信息和流行性疾病传播期间饮食饮水、洗澡、开窗通风、洗手、戴口罩、交通出行方式等环境暴露行为模式，及外出采取的防护措施、小区采取的防护措施等防护行为。

1.2.2 资料的搜集与评价

本研究调查对象的调查信息包括性别、年龄、身高、体重、文化程度、职业类型及流行性疾病传播期间的人群属性等，以及饮水摄入量、洗澡时间和频率、开窗通风时间和频率、交通出行方式、洗手时间和频率、戴口罩行为和频率、外出防护措施、饮食摄入量比例、运动类型、时间和频率、小区防护措施等。其中，洗手行为模式包括不同暴露情景下的洗手行为（传递物品前后，咳嗽或打喷嚏后，制备食物之前、期间和之后，吃饭前，上厕所后，手脏时，接触他人后，接触过动物之后和外出回来后）和洗手时间；开窗通风行为包括开窗通风时间和频率等；戴口罩行为包括流行性疾病传播期间外出佩戴口罩类型（包括不戴口罩、佩戴普通口罩、佩戴一次性使用医用口罩、佩戴医用外科口罩、佩戴颗粒物防护口罩、佩戴医用防护口罩）、口罩的更换频率、居住地周边环境、流行性疾病传播期间在超市、生鲜等场所购物全程佩戴口罩防护用品情况；外出行为包括外出频率、外出选择的交通方式（包括步行、出租车、自行车或电动车、公共交通、私家车）及出行时的防护类型；除此之外还包括居住场所管控措施等。

调查采取严格的质量控制，采用 SPSS 22.0 对数据进行录入和整理，并对数据的合理性及分布特征进行检验。对于出现缺失值、逻辑错误和数据格式错误的问卷进行清洗，共收集到问卷 8 330 份，回收率为 100%。其中有效问卷为 7 784 份，主要问题应答率为 93.4%。

1.3 使用方法

《行为模式》共包括 13 章，第 1 章是编制说明；第 2 ～ 12 章为各环境暴露行为模式的主体内容，第 13 章为行为模式对流行性呼吸系统疾病影响的案例分析。其中，第 2 ～ 12 章根据行为模式的特征分为 3 种类型的参数：摄入量参数、时间活动模式参数和日常防护措施参数。摄入量参数包括人群的饮水摄入量、饮食摄入量等；时间活动模式参数包括洗澡时间和频率、开窗通风时间和频率、交通出行方式、运动类型和时间等；日常防护措施参数包括洗手行为、戴口罩行为、外出防护措施、小区防护措施、医废收处防护措施等。污染物在环境中的暴露途径、不同环境暴露行为模式对应的暴露参数及各章节分布见图 1-1。

对于每类参数，《行为模式》都列出了该参数的“推荐值”，即最能代表 2020 年初我国人群总体暴露特征的数值。在每一章都列出了相应的表格，并在《行为模式》前言部分提供了所有参数的推荐值，在对全国水平进行风险评价中可以直接引用。《行为模式》每一章附表还尽可能详细地列出了该参数的信息，包括分片区、分省、分城乡、分性别参数的均值及百分位值（P5、P25、P50、P75、P95）或分布频率等，以便于读者根据不同的评估情形予以应用。片区分布情况见表 1-1。

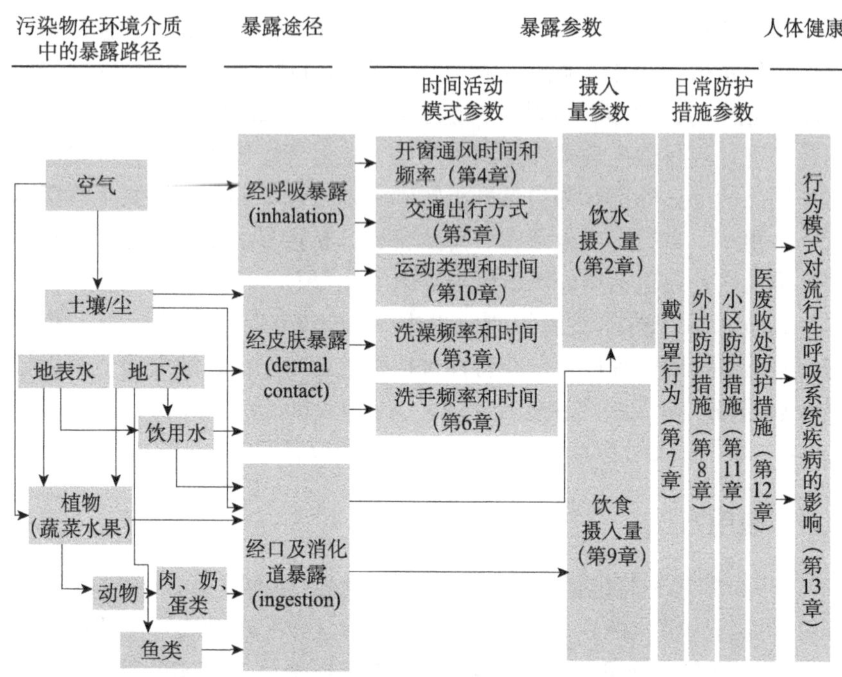

图1-1 暴露途径、参数及各章节分布图

表1-1 《行为模式》涉及的东中西部涵盖省、自治区和直辖市分布情况

片区	省、自治区和直辖市
华北	北京、天津、河北、山西、内蒙古、河南
华东	上海、江苏、浙江、安徽、福建、江西、山东
华南	湖北、湖南、广东、广西、海南
西北	陕西、甘肃、青海、宁夏、新疆
东北	黑龙江、吉林、辽宁
西南	云南、贵州、西藏、四川、重庆

根据我国国家卫生健康委员会发布的各地区流行性呼吸系统疾病确诊病例数据对我国 31 个省、自治区和直辖市的流行性疾病的传播程度进行等级划分，一级为累计确诊病例数小于 20 人的省、自治区和直辖

市，二级为累计确诊病例数在 20 ～ 200 人的省、自治区和直辖市，三级为累计确诊病例数在 201 ～ 800 人的省、自治区和直辖市，四级为除湖北以外的累计病例数大于 800 人的省、自治区和直辖市，五级为湖北。具体划分结果见表 1-2。

表1-2 我国31个省、自治区和直辖市根据流行性疾病传播程度的等级划分

等级	截至2020年3月30日累计确诊病例数（人）	省、自治区和直辖市
一级	＜20	青海、西藏
二级	20～200	宁夏、内蒙古、新疆、甘肃、吉林、辽宁、山西、天津、贵州、海南、云南
三级	201～800	陕西、广西、福建、河北、上海、北京、黑龙江、四川、重庆、江苏、山东
四级	＞800	江西、安徽、河南、湖南、浙江、广东
五级	＞60 000	湖北

1.4 适用范围

《行为模式》可供相关科研、技术或管理人员参考，为流行性呼吸系统疾病传播及类似公共卫生事件期间，开展中国人群环境健康风险评价及人群精准化的流行性疾病防控措施研究及制定提供依据和基础数据支撑，也可为精细化的环境风险管理提供支持。

1.5 局限性

全面性方面：本《行为模式》中的暴露参数主要是基于 2020 年初呼吸系统流行性疾病传播期间中国人群环境暴露行为模式研究，内容涵盖人群的饮水饮食摄入量、外出出行方式、居家防护措施、外出防护措施以及个人防护措施等方面的行为，具有一定的全面性。

代表性方面：本《行为模式》主要是基于 2020 年初呼吸系统流行性疾病传播期间中国人群环境暴露行为模式研究的结果而形成的，样本量涵盖我国31个省、自治区、直辖市（不包括香港、澳门特别行政区和台湾地区）的344个城市、1 744个区/县，在一定程度上具有良好的全国代表性，但本研究未单独区分成年人和儿童的行为模式。因此，在评价某个特定区域或不同人群的环境暴露健康风险时可以酌情参考。

时效性方面：本《行为模式》中的暴露参数仅代表2020年2月25日至3月14日中国人群的行为模式，随着呼吸系统流行性疾病的进一步控制和稳定及相关管控措施的制定和更新，人群的行为模式也相应发生变化，可根据实际需求，定期对人群环境暴露行为进行调查，定期更新《中国人群环境暴露行为模式》。本研究相关结果可为更加精准的环境暴露健康风险评估及精细化的流行性疾病防控措施制定提供基础数据支撑，为类似突发性公共卫生事件的管理和控制提供参考和依据。

2 饮水摄入量

饮水摄入量（Water Ingestion Rates）指人每天摄入直接饮用水的体积（mL/d）。已有研究表明，我国的饮水摄入量与性别、年龄、人种以及运动量等因素有关，并受季节、气候、地域等地理气象学条件，饮食习惯和饮食文化等因素的影响（郑婵娟等，2013；郑婵娟等，2014；Guo et al.，2020）。自流行性呼吸系统疾病暴发以来，全国各省（区、市）采取了积极有效的防控措施，可能对我国人群的暴露行为模式产生一定的影响。饮水作为一个重要的行为模式，对于提高人体免疫力，降低感染风险具有重要的作用。饮水行为对呼吸系统流行性疾病的防控作用主要有以下 3 个方面：①多喝水，能使鼻腔和口腔内的黏膜保持湿润，抵御从鼻腔和口腔侵入的病原体、病毒、菌类等的侵袭，在一定程度上控制病毒的呼吸道飞沫传播，还能让人感觉清新，充满活力；②增强骨髓免疫系统的效率和身体的免疫功能，提升对抗病毒感染的能力；③水能润湿肺泡，引起气体弥散，帮助呼吸顺畅。

流行性呼吸系统疾病传播期间饮水摄入量的调查方法主要采用了问卷调查法开展。通过覆盖全国的人群调查研究，探讨和分析不同人群的饮水摄入量，为流行性呼吸系统疾病传播及类似重大公共卫生事件期间饮水暴露及健康风险评估提供基础数据支持，为饮水暴露的健康风险防控提供依据。

2.1 2020 年初中国人群饮水摄入量的分布

整体来看，人群的平均饮水摄入量为（1 010 ± 766）mL/d。从性别分布来看，男性（1 161 ± 832）mL/d 的饮水摄入量显著高于女性（895 ± 689）mL/d；从年龄分布来看，饮水摄入量整体呈现随着年龄的增长而不断增长；城市地区人群的饮水摄入量（1 030 ± 777）mL/d 显著高于农村地区（946 ± 728）mL/d；从片区整体分布来看，华北地区的人群饮水摄入量最高，平均值为（1 090 ± 800）mL/d，西南地区人群的饮水摄入量最低，平均值为（895 ± 739）mL/d。2020 年初中国人群的饮水摄入量见表 2-1，中国人群分区域、城乡、性别、年龄分布的饮水摄入量见附表 2-1 至附表 2-3。

表2-1　2020年初中国人群饮水摄入量的分布

类别		样本量	每日饮水量（mL/d）					
			平均值	P5	P25	P50	P75	P95
合计		7 784	1 010	100	500	900	1 500	2 000
性别	男	3 364	1 161	200	500	1 000	1 500	2 500
	女	4 420	895	100	500	800	1 000	2 000
年龄	＜18 岁	183	897	50	500	700	1 000	2 200
	18～29 岁	4 626	998	150	500	800	1 200	2 000
	30～44 岁	1 920	1 031	100	500	1 000	1 500	2 000
	45～59 岁	952	1 020	30	500	1 000	1 500	2 000
	≥60 岁	103	1 252	100	500	1 000	2 000	3 000
城乡	城市	5 890	1 030	100	500	1 000	1 500	2 000
	农村	1 894	946	100	500	800	1 000	2 000
片区	华北	1 927	1 090	200	500	1 000	1 500	2 500
	华东	1 685	996	200	500	800	1 200	2 000
	华南	1 126	953	100	500	800	1 200	2 000
	西北	1 255	1 025	100	500	800	1 500	2 500
	东北	726	1 058	70	500	1 000	1 500	2 000
	西南	1 065	895	100	500	800	1 000	2 000

2.2　不同流行性呼吸系统疾病传播等级地区人群的饮水摄入量

流行性呼吸系统疾病传播等级的划分标准见第 1 章，从饮水摄入量来看，流行性疾病传播等级为五级地区的人群饮水摄入量最少，为（848 ± 859）mL/d；流行性疾病传播等级为三级的地区人群饮水摄入量最高，为（1 056 ± 788）mL/d。我国不同流行性呼吸系统疾病传播等级地区人群的饮水摄入量见表 2-2，按流行性呼吸系统疾病传播等级、城乡、性别、年龄分布的人群饮水摄入量见附表 2-4。

表2-2　2020年初不同流行性呼吸系统疾病传播等级地区中国人群饮水摄入量分布

流行性呼吸系统疾病传播等级	样本量	每日饮水量（mL/d）					
		平均值	P5	P25	P50	P75	P95
合计	7 784	1 010	100	500	900	1 500	2 000
一级	523	949	10	500	800	1 000	2 000
二级	2 561	1 003	100	500	900	1 500	2 000
三级	2 915	1 056	200	500	1 000	1 500	2 500
四级	1 395	992	200	500	1 000	1 200	2 000
五级	390	848	20	500	700	1 000	2 000

2.3　2020 年初与“十二五”期间人群饮水摄入量的比较

本次调查研究在 2020 年 2 月 25 日至 3 月 16 日开展，属于春季时期，且本次调查数据为直接饮水摄入量，因此，将此次调查所得的饮水摄入量与基于“十二五”期间中国人群环境暴露行为模式调查中的春季直接饮水摄入量（段小丽，2014）进行比较。整体来看，2020 年初中国人群的饮水摄入量比“十二五”期间的饮水摄入量有所降低，大约降低 378 mL/d；从不同性别来看，男性 2020 年初的饮水摄入量比“十二五”期间降低 349 mL/d，而女性饮水摄入量降低更多，为 370 mL/d；从不同年龄来看，18 ～ 44 岁人群饮水摄入量下降的程度大于 45 ～ 59 岁人群，18 ～ 44 岁人群的饮水摄入量下降了 413 mL/d，45 ～ 59 岁人群下降了 394 mL/d；城市人群比农村人群饮水摄入量降低更多，城市人群降低了 520 mL/d，农村人群降低了 317 mL/d；从不同片区来看，与“十二五”期间相比，东北地区人群饮水摄入量并未有显著的变化，而华东地区人群饮水摄入量的变化最大，其 2020 年初的饮水摄入量比“十二五”期间下降了 503 mL/d。2020 年初和“十二五”期间中国人群的饮水摄入量见表 2-3，2020 年初和“十二五”期间中国人群分城乡、性别、年龄分布的饮水摄入量见附表 2-5。

表2-3 2020年初和“十二五”期间中国人群饮水摄入量的比较

分类		平均每日饮水摄入量（mL/d）	
		2020年初	“十二五”期间
性别	男	1 161	1 510
	女	895	1 265
年龄	<18 岁	897	1 289
	18～44 岁	1 008	1 421
	45～59 岁	1 020	1 414
	60～79 岁	1 327	1 274
	≥80 岁	1 012	1 125
城乡	城市	1 030	1 550
	农村	946	1 263
片区	华北	1 090	1 542
	华东	996	1 499
	华南	953	1 298
	西北	1 025	1 468
	东北	1 058	1 062
	西南	895	1 263

2.4 本章总结

（1）2020 年初中国人群的平均直接饮水摄入量为 1 010 mL/d。男性的饮水摄入量（1 161 mL/d）显著高于女性（895 mL/d），城市地区的饮水摄入量（1 030 mL/d）显著高于农村地区（946 mL/d）；华北地区的人群饮水摄入量最高（1 090 mL/d），西南地区人群的饮水摄入量最低（895 mL/d），表现出北方人群的饮水摄入量高于南方人群；饮水摄入量整体呈现随着年龄的增长而不断增长的趋势。

（2）随着流行性呼吸系统疾病传播等级的提升，人群饮水摄入量呈现先升高后降低的趋势，流行性呼吸系统疾病传播等级最高的地区，人群的饮水摄入量最低（848 mL/d），流行性疾病传播等级为三级的地区人群饮水摄入量最高，为 1 056 mL/d。

（3）总体来看，2020 年初中国人群的直接饮水摄入量较“十二五”期间有所下降，整体下降了 378 mL/d。

参考文献

段小丽，2014. 中国人群暴露参数手册（成人卷）[M]. 北京：中国环境出版社 .

郑婵娟，段小丽，王宗爽，等，2013. 泌阳地区居民冬季饮水暴露参数研究 [J]. 环境与健康杂志，30（3）：42-45.

郑婵娟，赵秀阁，黄楠，等，2014. 我国成人饮水摄入量研究 [J]. 环境与健康杂志，31（11）：967-970.

GUO Q，WANG B，CAO S，et al.，2020. Patterns and sociodemographic determinants of water intake by children in China: results from the first national population-based survey[J]. European Journal of Nutrition，59: 529-538.

3 洗澡频率和时间

近年来，水环境污染已被证实可以影响人们的生命健康（Qiu，2011；Schwarzenbach et al.，2010；Zhang et al.，2010），因此开展水环境健康风险评价工作对于定量描述污染物造成的健康危害以及评估人体的健康风险有着重要的作用。人体接触水环境污染物的途径除经口暴露外，通过皮肤接触也是重要的暴露途径之一（Boffetta et al.，1997；段小丽等，2008）。Brown 等（1984）通过综述皮肤直接接触水溶液中挥发性有机物吸收率的文献，发现皮肤接触是一个重要的暴露途径，可占每日总暴露剂量的 29% ～ 91%，远高于经口的直接饮用暴露。开晓莉等（2018）的研究也表明，在同样的污染水平下，皮肤暴露风险明显高于饮水暴露风险。皮肤是人体最大的器官，表面积约 2 m^2，约占成年人体重的 15%（Gungormus et al.，2014；Hadgraft，2001），作为隔离人体内环境与外环境的第一道屏障的重要组成部分，皮肤能够阻挡许多病原体的入侵，可以防止人体内营养物质、水分等的流失，同时还具有热调节、合成维生素 D 等功能，在稳定人体的内环境方面具有重要的作用（Riviere et al.，2014；胡珍等，2013）。

与水暴露相关的时间活动模式参数主要是指暴露人群身体各部分与水直接接触的活动时间和活动频次，主要包括洗澡、游泳时间和频次等。已有研究（段小丽等，2010；于云江等，2012；杨彦等，2012）显示我国居民的涉水活动以洗澡为主，且在性别方面具有显著性差异，男性的涉水时间较短且常以洗澡为主，女性的涉水活动较为复杂，洗澡、洗衣服等均有一定的占比。

洗澡作为个人卫生习惯的一部分，是清洁皮肤的有效方法，能够去除体表多余的汗渍污垢，提高皮肤的新陈代谢和抗病力，舒缓心情、消除疲劳，在人体的生理和心理方面均存在影响（Mizuno et al.，2010；Riviere et al.，2014；Toda et al.，2006；赵秀阁等，2014），是预防疾病的重要活动（赵秀阁等，2014）。流行性呼吸系统疾病暴发期间，洗澡作为戴口罩、洗手之外的一项保护措施，对于流行性呼吸系统疾病的精准防控具有重要的意义，也是长时间暴露于高风险环境中人群的重要防护措施。此外，因为流行性呼吸系统疾病传播期间消毒剂的过量使用，导致人们可能面临着水中残留的过量余氯及其副产物通过皮肤暴露给人体健康带来威胁（Chowdhury et al.，2009；Richardson et al.，2007）。Xu 等（2002）通过测量三卤甲烷（THMs）、卤代酮（HKs）和卤乙酸（HAAs）3 种消毒副产物的皮肤渗透系数发现，成人在淋浴过程中通过皮肤暴露摄入的 THMs 约占 THMs 总摄入量的 40% ～ 70%，通过皮肤暴露摄入的 HKs 约占 HKs 总摄入量的 10%，这表明皮肤暴露是摄入消毒副产物的一个重要途径，在健康风险评估时要予以考虑。因此，开展人群洗澡行为模式的研究，不仅有利于流行性疾病防护措施的科学制定，对于科学开展人群环境健康风险评估也非常重要。

自流行性呼吸系统疾病暴发以来，全国各省、自治区和直辖市均采取了积极有效的防控措施，这对我国人群的环境暴露行为模式产生了一定的影响。由于小区管控，室外出行频次降低，以及居民的防护意识的增强，人们的洗澡行为可能会发生变化。洗澡相关暴露行为模式作为《行为模式》的一部分，通过 2020 年初在线问卷调查的方式覆盖全国的人群调查研究，探讨和分析不同人群的洗澡时间和频率，并“十二五”期间人群洗澡频率和时间参数进行对比分析，以期为未来类似重大公共卫生事件的科学研判和精准防控提供基础信息和依据。

3.1 2020 年初中国人群洗澡频率和洗澡时间的分布

3.1.1 洗澡频率

2020 年初，受调查人群的洗澡频率以一周 1 ～ 3 次为主，占比为 70.8%；其次是一周 7 次，占比为 14.9%。从年龄分布来看，年龄较小的人群洗澡频率要高于年龄较大的人群，其中小于 18 岁的人群一周内的洗澡频率集中在 3 次（24.0%）和 7 次（24.0%），18 ～ 44 岁人群洗澡频率集中在 2 次（24.6%）和 3 次（24.3%），45 ～ 59 岁人群洗澡频率以一周 1 次（30.7%）和一周 2 次（27.9%）为主，60 岁及以上人群以一周 1 次（38.8%）为主。从性别分布来看，女性洗澡频率主要为一周 2 次（26.5%），一周 3 次（24.4%），一周 1 次（22.3%）和一周 7 次（14.8%）；男性洗澡频率分布为一周 1 次（23.1%），一周 2 次（22.6%），一周 3 次（22.1%）和一周 7 次（15.0%），女性的洗澡频率略高于男性。此外，城乡的分布也显著影响着人群的洗澡频次，城市地区太阳能、热水器等普及程度较农村地区高，且家庭大多配备独立卫浴，较为方便，因此城市人群的洗澡频率要高于农村人群的洗澡频率，其中城市人群的洗澡频率主要为一周 2 次（24.5%），一周 3 次（23.6%）和一周 1 次（20.9%）；农村人群的洗澡频率主要为一周 1 次（28.0%），一周 2 次（25.7%）和一周 3 次（22.9%）。不同片区的温度、降水差异较大，这在一定程度上也影响了我国人群的洗澡行为，通过气温与洗澡频次间的 spearman 分析（r=0.322，P<0.001)，发现气温与洗澡频次间存在显著正相关。从不同片区来看，华南地区的洗澡频率最高，华东地区和西南地区次之，华北、东北和西北地区的洗澡频率最低；华北、西北和东北地区的人群的洗澡频率主要集中在一周 1 次（29.3%、33.1%、35.1%）；华东地区集中在一周 2 次（24.3%）和一周 3 次（27.3%）；西南地区同样集中在一周 2 次（29.3%）和一周 3 次（31.2%）；华南地区人群的洗澡频率主要为一周 7 次（41.5%）。

从不同文化水平来看，高学历人群的洗澡频次要多于低学历人群；其中，初中及以下学历人群均以一周洗澡 1 次为主，特别是小学及以下有 31.6% 的人群一周洗 1 次；高中及以上学历人群均以一周洗澡 2 次为主，特别是本科（或专科）和研究生群体，分别有 25.0% 和 25.4% 的人群一周洗 2 次。在不同工作所属人群中，医护人员一周 7 次及 7 次以上洗澡频次的占比最高，为 24.6%，而企业在岗人员和居家人员的洗澡频次主要为一周 2 次，占比分别为 22.8% 和 25.6%；但是，有近三分之一的与人群广泛接触的人员洗澡频次为一周 1 次。我国居民 2020 年初洗澡频率见表 3-1，按区域、城乡、性别、年龄分布的人群洗澡频率具体见附表 3-1 和附表 3-2。

表3-1　2020年初中国人群洗澡频率

类别	样本量	洗澡频率（次/周）（%）									
		1	2	3	4	5	6	7	8	9	10
总计	7 784	22.6	24.8	23.4	7.3	4.5	1.8	14.9	0.2	0.0	0.5

续表

类别		样本量	洗澡频率（次/周）（%）									
			1	2	3	4	5	6	7	8	9	10
性别*	男	3 364	23.1	22.6	22.1	8.8	5.3	2.2	15.0	0.3	0.0	0.7
	女	4 420	22.3	26.5	24.4	6.3	3.8	1.5	14.8	0.1	0.0	0.3
年龄*	<18 岁	183	15.8	18.6	24.0	7.7	7.7	1.1	24.0	0.0	0.0	1.1
	18～29 岁	4 626	21.3	25.3	25.2	8.4	4.5	1.5	13.0	0.2	0.0	0.5
	30～44 岁	1 920	21.8	23.0	21.9	5.7	4.9	2.4	19.8	0.2	0.0	0.3
	45～59 岁	952	30.7	27.9	17.6	5.9	3.0	1.8	12.3	0.0	0.0	0.7
	≥60 岁	103	38.8	16.5	21.4	3.9	2.9	2.9	10.7	1.0	0.0	1.9
城乡*	城市	5 890	20.9	24.5	23.6	7.6	4.5	1.9	16.4	0.2	0.0	0.4
	农村	1 894	28.0	25.7	22.9	6.7	4.4	1.4	10.1	0.2	0.1	0.7
片区*	华北	1 927	29.3	25.2	21.3	7.1	4.5	1.8	10.4	0.1	0.0	0.4
	华东	1 685	14.9	24.3	27.3	8.3	4.5	2.4	17.7	0.3	0.1	0.2
	华南	1 126	7.9	14.5	17.9	8.3	6.1	2.5	41.5	0.4	0.0	1.0
	西北	1 255	33.1	30.3	21.2	5.8	3.5	1.0	4.6	0.0	0.0	0.5
	东北	726	35.1	24.9	21.2	6.5	3.9	1.2	6.7	0.1	0.0	0.3
	西南	1 065	17.7	29.3	31.2	7.8	4.0	1.2	7.8	0.3	0.0	0.7
文化程度	小学及以下	76	31.6	21.1	23.7	7.9	3.9	0.0	11.1	0.4	0.2	0.1
	初中	415	26.3	24.1	21.4	6.3	5.3	2.7	13.2	0.5	0.1	0.2
	高中（普高、职高、中专）	912	22.8	23.5	21.6	6.3	4.3	1.4	19.1	0.2	0.5	0.4
	本科或专科	4 740	22.2	25.0	23.7	7.5	4.3	1.9	14.7	0.2	0.3	0.2
	研究生（硕士、博士）	1 641	22.5	25.4	24.1	7.8	4.8	1.5	13.5	0.2	0.1	0.1

续表

类别		样本量	洗澡频率（次/周）（%）									
			1	2	3	4	5	6	7	8	9	10
工作性质所属人群*	医护人员	139	20.5	17.9	22.1	6.7	7.7	0.5	22.2	0.8	0.7	0.9
	与人群广泛接触人员	232	30.2	20.7	18.1	7.8	4.7	3.9	13.3	0.6	0.4	0.4
	企业在岗人员	874	22.3	22.8	20.3	8.2	5.6	2.4	16.6	0.8	0.6	0.4
	居家人员	6 053	22.3	25.6	24.3	7.3	4.0	1.7	13.8	0.5	0.3	0.2
	其他	430	24.9	22.3	21.6	7.0	6.3	1.4	15.2	0.4	0.3	0.6

注：* 为 $P < 0.05$；如在性别和城乡分层中，* 代表在对应情景下性别、城乡上的差异 $P < 0.05$。

为分析小区的防控措施对人群洗澡行为的影响，本研究根据室外出行频次（低频次、中频次和高频次），小区或村庄是否全面消毒，小区或村庄是否控制居民进出，小区或村庄是否进行隔离，小区或村庄是否实施进出测温并实名登记这五项防控措施，分析不同措施下人群洗澡频次，如表 3-2 所示。

表3-2　2020年初不同小区防控措施下中国人群洗澡频次

类别		洗澡频率（次/周）（%）									
		1	2	3	4	5	6	7	8	9	10
室外出行频次*	低频次	23.3	25.4	24.6	6.6	4.4	1.5	13.7	0.3	0.1	0.2
	中频次	19.6	24.8	23.2	8.4	4.5	2.1	16.5	0.4	0.2	0.4
	高频次	24.8	23.1	19.9	8.3	4.7	2.3	15.8	0.5	0.2	0.5
小区或村庄全面消毒	是	21.3	24.8	23.6	7.7	4.7	1.9	15.4	0.3	0.2	0.1
	否	27.2	24.6	22.7	6.3	3.5	1.5	13.5	0.2	0.2	0.2
小区或村庄控制居民进出	是	22.5	25.0	23.8	7.3	4.4	1.8	14.7	0.2	0.1	0.2
	否	24.1	22.7	19.2	8.2	5.1	1.4	18.8	0.2	0.1	0.1
小区或村庄进行隔离	是	20.4	24.0	25.2	7.1	5.4	1.8	15.5	0.3	0.1	0.2
	否	24.5	25.4	22.0	7.5	3.7	1.7	14.3	0.4	0.2	0.2

续表

类别		洗澡频率（次/周）（%）									
		1	2	3	4	5	6	7	8	9	10
小区或村庄进出测温并实名登记	是	21.3	24.8	23.9	7.5	4.6	1.9	15.6	0.2	0.1	0.1
	否	31.4	24.8	20.2	6.4	3.8	0.9	11.9	0.3	0.2	0.1

注：* 表示 $P < 0.05$。

结果表明，室外出行频次和小区管控措施与洗澡频次间具有显著相关性，洗澡作为流行性呼吸系统疾病传播期间的有效防范措施之一，中、高频次室外活动的居民洗澡频次也相对较高，低室外活动频次的人群洗澡频次较低；而实施隔离并控制居民进出的小区或村庄的人群洗澡频次相对较高。

3.1.2 洗澡时间

2020 年初受调查人群的每日洗澡时间主要为 11 min/d。从年龄分布来看，小于18岁和60岁及以上人群的每日洗澡时间最长，均为14 min/d，而 45 ～ 59 岁人群的平均每日洗澡时间最短，为 9 min/d。从性别分布来看，女性的平均洗澡时间为 11 min/d，高于男性的 10 min/d。从城乡分布来看，城市地区平均每日洗澡时间（11 min/d）略高于农村地区（10 min/d）。从片区分布来看，气候温暖湿润的华南地区的洗澡时间最长，为 13 min/d，寒冷干燥的东北地区的洗澡时间最短，为 9 min/d。2020 年初我国居民洗澡时间见表 3-3，按区域、城乡、性别、年龄分布的人群洗澡时间具体见附表 3-3 和附表 3-4。

表3-3 2020年初中国人群每日洗澡时间

类别		样本量	每日洗澡时间（min/d）					
			平均值	P5	P25	P50	P75	P95
总计		7 784	11	9	10	11	12	13
性别	男	3 364	10	8	9	10	11	12
	女	4 420	11	9	10	11	12	13

续表

类别		样本量	每日洗澡时间（min/d）					
			平均值	P5	P25	P50	P75	P95
年龄	< 18 岁	183	14	12	13	14	15	16
	18 ~ 29 岁	4 626	11	9	10	11	12	13
	30 ~ 44 岁	1 920	11	8	9	11	12	13
	45 ~ 59 岁	952	9	7	8	9	10	11
	≥ 60 岁	103	14	12	13	14	15	16
城乡	城市	5 890	11	9	10	11	12	13
	农村	1 894	10	8	9	10	11	12
片区	华北	1 927	10	8	9	10	11	12
	华东	1 685	11	9	10	11	12	13
	华南	1 126	13	10	11	13	15	16
	西北	1 255	10	8	9	10	11	11
	东北	726	9	8	8	9	10	11
	西南	1 065	11	9	10	11	12	13

3.2 不同流行性呼吸系统疾病传播等级地区人群的洗澡频率和洗澡时间

从洗澡频率来看，流行性呼吸系统疾病传播等级最低的一级地区的人群洗澡频率主要为一周 1 次（43.2%）和一周 2 次（31.7%）；二级地区的人群洗澡频率集中在一周 1 次（28.7%）、一周 2 次（26.4%）和一周 3 次（23.6%）；三级地区的人群洗澡频率主要为一周 2 次（22.8%）和一周 3 次（24.9%）；四级地区的洗澡频率主要为一周 2 次（22.5%）、一周 3 次（22.9%）和一周 7 次（21.9%）；流行性疾病传播等级最高的五级地区人群洗澡频率主要为一周 2 次（27.7%）和一周 3 次（26.4%），总体上表现出随着流行性呼吸系统疾病传播等级的提升，人群的洗澡频率呈现上升的趋势。从洗澡时间来看，流行性呼吸系统疾病传播等级为一级地区的人群平均每日洗澡时间最长，为 13 min/d，传播等级最高的五级地区人群的平均每日洗澡时间最短，为 9 min/d，总体上表现出随着流行性呼吸系统疾病传播等级的提升，人群平均每日的洗澡时间呈现下降的趋势。我国不同流行性呼吸系统疾病传播等级地区人群的洗澡频率和洗澡时间见表 3-4 和表 3-5，按流行性呼吸系统疾病传播等级、城乡、性别、年龄分布的人群洗澡频率和洗澡时间具体见附表 3-5 和附表 3-6。

表3-4　2020年初不同流行性疾病传播等级地区人群的洗澡频率

流行性呼吸系统疾病传播等级	样本量	人群洗澡频率（次/周）（%）									
		1	2	3	4	5	6	7	8	9	10
	7 784	22.6	24.8	23.4	7.3	4.5	1.8	14.9	0.2	0.0	0.5
一级	523	43.2	31.7	13.4	4.4	2.9	0.6	2.9	0.2	0.0	0.8
二级	2 561	28.7	26.4	23.6	6.6	3.8	1.4	8.8	0.2	0.0	0.5
三级	2 915	18.1	22.8	24.9	7.9	4.8	2.1	18.7	0.2	0.0	0.5
四级	1 395	15.6	22.5	22.9	8.7	5.2	2.5	21.9	0.3	0.0	0.4
五级	390	14.9	27.7	26.4	7.4	5.9	1.0	16.7	0.0	0.0	0.0

表3-5　2020年初不同流行性疾病传播等级地区人群的每日洗澡时间

流行性呼吸系统疾病传播等级	样本量	每日洗澡时间（min/d）					
		平均值	P5	P25	P50	P75	P95
	7 784	11	9	10	11	12	13
一级	523	13	11	12	13	14	15
二级	2 561	11	9	10	11	12	13
三级	2 915	11	9	10	11	12	13
四级	1 395	10	7	8	10	11	12
五级	390	9	7	8	9	11	12

3.3 2020 年初与“十二五”期间人群洗澡时间的比较

由于本研究开展中国人群环境暴露行为模式调查的时间属于冬、春交接期，所以将本次调查研究所得的人群平均每日洗澡时间与环境保护部发布的《中国人群暴露参数手册》（段小丽，2014）中人群春季的平均每日洗澡时间进行比较，具体见表 3-6。2020 年初和“十二五”期间中国人群分城乡、性别、年龄分布的洗澡时间比较，见附表 3-7 所示。

结果发现，洗澡作为全身清洁的有效方法之一，人群的平均每日洗澡时间在 2020 年初均有所上升，平均升高了 6.6 min/d。为分析流行性呼吸系统疾病的传播等级对人群洗澡时间变化强度的影响，将不同流行性呼吸系统疾病传播等级地区的人群洗澡时间较“十二五”期间的变化程度进行分析，如图 3-1 所示。结果表明，流行性呼吸系统疾病传播程度较轻的地区，人群洗澡时间升高的较多；而流行性呼吸系统疾病较为严重的四级和五级地区人群洗澡时间增长较少。流行性呼吸系统疾病传播期间，流行性呼吸系统疾病传播程度最轻的青海、西藏等一级地区人群室外出行频次较其他地区高，因此人群增加的洗澡时间相对较多；而流行性呼吸系统疾病最为严重的五级地区由于进行了小区或村庄隔离和严格的交通管控措施，人群的室外活动频次明显下降，且人群的洗澡频次较高（以一周 2 次和一周 3 次为主），因此洗澡时间相对较快，较“十二五”期间增加值相对最少。

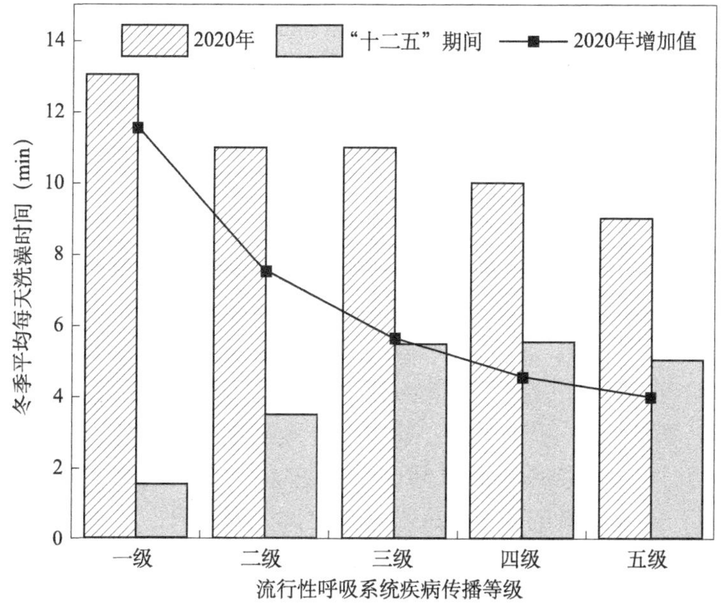

图3-1 2020年初不同流行性呼吸系统疾病传播等级地区人群洗澡时间与“十二五”期间的比较

表3-6 2020年初人群洗澡时间与“十二五”期间的比较

分类		平均每日洗澡时间（min/d）	
		2020年初	“十二五”期间
性别	男	10	8
	女	11	9
年龄	<18 岁	14	10
	18～44 岁	11	8
	45～59 岁	9	7
	60～79 岁	9	6
	≥80 岁	10	5
城乡	城市	11	10
	农村	10	7
片区	华北	11	7
	华东	10	9
	华南	9	11
	西北	12	5
	东北	10	7
	西南	11	8

3.4 本章总结

（1）2020 年初流行性呼吸系统疾病传播期间我国人群的洗澡频率以一周 1 ～ 3 次和 7 次为主，且年龄较小的人群洗澡频率高于年龄较大人群，女性高于男性，城市高于农村；华南地区人群的洗澡频率最高，华北、东北和西北地区的洗澡频率最低；高学历人群的洗澡频次要多于低学历人群；医护人员一周 7 次及 7 次以上洗澡频次的占比最高，为 24.6%。

（2）我国人群的洗澡时间多分布在 10 ～ 20 min/d，平均时长为 11 min/d；随着年龄的增长，人群洗澡时间先降后升；呈现女性长于男性，城市高于农村的趋势；华南地区的洗澡时间最长（13 min/d），东北地区的洗澡时间最短。从流行性呼吸系统疾病传播等级来看，流行性疾病传播等级较低地区的人群洗澡频率比流行性疾病传播等级较高地区的人群洗澡频率低；但流行性疾病传播等级较高地区的人群平均每日洗澡时间比流行性疾病传播等级较低地区低。

（3）总体上，2020 年初中国人群平均每日洗澡时间比“十二五”期间人群洗澡时间长；随着流行性呼吸系统疾病传播等级的提升，人群在 2020 年初洗澡时间较“十二五”期间洗澡时间的增加值整体呈现下降趋势。

参考文献

段小丽，2014. 中国人群暴露参数手册（成人卷）[M]. 北京：中国环境出版社 .

段小丽，王宗爽，于云江，等，2008. 垃圾填埋场地下水污染对居民健康的风险评价 [J]. 环境监测管理与技术（3）：20-24.

段小丽，张文杰，王宗爽，等，2010. 我国北方某地区居民涉水活动的皮肤暴露参数 [J]. 环境科学研究，23（1）：55-61.

胡珍，于春水，2013. 皮肤屏障功能的研究进展 [J]. 中华临床医师杂志（电子版），7（7）：3101-3103.

开晓莉，张维江，邱小琮，等，2018. 清水河污染物对儿童所致健康风险评估 [J]. 环境化学，37（12）：2809-2819.

杨彦，于云江，杨洁，等，2012. 浙江沿海地区居民环境健康风险评价中涉水和涉气活动的皮肤暴露参数研究 [J]. 环境与健康杂志，29（4）：324-327.

于云江，李琴，向明灯，等，2012. 太湖饮用水源地附近成年居民的涉水时间——活动模式 [J]. 环境与健康杂志（3）：45-48.

赵秀阁，王贝贝，陈奕汀，等，2014. 我国成人洗澡相关暴露活动模式研究 [J]. 环境与健康杂志，31（11）：957-961.

BOFFETTA P，JOURENKOVA N，GUSTAVSSON P，1997. Cancer risk from occupational and environmental exposure to polycyclic aromatic hydrocarbons[J]. Cancer Causes & Control，8(3): 444-472.

BROWN H，BISHOP D，ROWAN C，1984. The Role of Skin Absorption as a Route of Exposure for Volatile Organic Compounds (VOCs) in Drinking Water[J]. American Journal of Public Health，74: 479.

CHOWDHURY S，CHAMPAGNE P，2009. Risk from exposure to trihalomethanes during shower: Probabilistic assessment and control[J]. Science of The Total Environment，407(5): 1570-1578.

GUNGORMUS E，TUNCEL S，TECER L H，et al.，2014. Inhalation and dermal exposure to atmospheric polycyclic aromatic hydrocarbons and associated carcinogenic risks in a relatively small city[J]. Ecotoxicology and Environmental Safety，108: 106-113.

HADGRAFT J，2021. Skin，the final frontier[J]. International Journal of Pharmaceutics，224(1): 1-18.

MIZUNO K, TANAKA M, TAJIMA K, et al., 2010. Effects of mild-stream bathing on recovery from mental fatigue[J]. Medical Science Monitor: International Medical Journal of Experimental and Clinical Research, 16: CR8-14.

QIU J, 2011. China to spend billions cleaning up groundwater[J]. Science, 334(6057): 745.

RICHARDSON S D, PLEWA M J, WAGNER E D, et al., 2007. Occurrence, genotoxicity, and carcinogenicity of regulated and emerging disinfection by-products in drinking water: A review and roadmap for research[J]. Mutation Research/Reviews in Mutation Research, 636(1): 178-242.

RIVIERE J, MONTEIRO-RIVIERE N A, 2014. Reference Module in Biomedical Sciences[M]. Amsterdam: Elsevier.

SCHWARZENBACH R P, EGLI T, HOFSTETTER T B, et al., 2010. Global water pollution and human health[J]. Annual Review of Environment and Resources, 35(1): 109-136.

TODA M, MORIMOTO K, NAGASAWA S, et al., 2006. Change in salivary physiological stress marker by spa bathing[J]. Biomedical Research (Tokyo, Japan), 27: 11-14.

XU X, MARIANO T M, LASKIN J D, et al., 2002. Percutaneous Absorption of Trihalomethanes, Haloacetic Acids, and Haloketones[J]. Toxicology and Applied Pharmacology, 184(1): 19-26.

ZHANG J F, MAUZERALL D L, ZHU T, et al., 2010. Environmental health in China: progress towards clean air and safe water[J]. The Lancet, 375(9720): 1110-1119.

4 开窗通风频次和时间

开窗通风频次是指卧室、书房、客厅等经常出入场所平均每天的开窗通风次数（次 /d）；开窗通风总时间是指每日开窗通风的持续时间（min/d）。根据国家卫生健康委员会发布的流行性呼吸系统疾病诊疗方案，病毒的传播途径包括经呼吸道飞沫和密切接触传播，同时存在相对封闭的环境中长时间暴露于高浓度气溶胶情况下经气溶胶传播的可能，因此，流行性呼吸系统疾病传播期间居家及隔离人群采取有效的通风措施十分必要。

已有充分的证据表明建筑物的通风与病毒的传播存在关联（Li et al.，2005；Luongo et al.，2016；Mao et al.，2015），而通风是降低感染可能性的重要措施（Qian et al.，2010；Yuen et al.，2012；Zhang et al.，2018）。世界卫生组织发布的有关医疗场所自然通风设计以防控感染的报告强调了通风条件在传染病疫情控制中的重要性（Atkinson et al.，2009）。Chen 等（2009）研究表明，通过自然通风并附加电子排风扇增强通风时，医护人员在病房中感染重症急性呼吸综合征（SARS）的风险大大降低。毛宇明等（2015）研究发现家庭加强开窗通风可以降低流感在家庭内的传播风险，孙越霞等（2016）对大学生宿舍通风量和疾病传播的研究得到相同结论。Li 等（2005）模拟了香港淘大花园中 SARS 最严重的 E 区不同建筑单位之间气流对 SARS 病毒传播的影响，发现迎风的 5 号楼、6 号楼人群感染风险明显低于背风面 8 号楼，表明建筑物通风对高层住宅公寓的感染控制具有积极作用。研究表明，当全部个体的通气率提高 1 倍和 3 倍时，人群峰值感染率分别降低 65% 和 83%（Gao et al.，2016）。另外，不良的室内空气质量会导致多种健康问题甚至疾病的发生（Berglund et al.，1992；Jedrychowski et al.，2005；Sundell，2004），保持居室内环境空气的流通、补给新鲜的空气对维持人体基本健康有重要意义。自然通风方式在多数情况下可以满足居民住宅室内的新风量需求，并且相比机械通风而言具有更好的适应性（Fennelly et al.，

2004；安晶晶等，2015）。开窗通风后再密闭可改善室内空气质量，有利于人体健康（Sundell et al.，2011；周佳佳等，2019）。因此，自然通风对降低室内病毒感染风险有重要的积极作用（Atkinson et al.，2009；Gao et al.，2016; Qian et al.，2010；Zhang et al.，2018）。人群科学合理的开窗通风行为对保持室内环境空气的流通，补给新鲜空气，增加新风量，维持人体基本健康有重要意义（Sundell et al.，2011；Fennelly et al.，2004）。

人群开窗通风的频率和时间不仅受地理位置条件、人群类型等因素影响，还与气候条件等相关。已有研究表明，人群开窗通风的频率和时间均与温度呈显著正相关（Yao et al.，2017）。而开窗通风效果除了受地理位置、气象条件等因素影响，还受居住楼房类型、居住楼层等因素的影响。王伟（2013）对学生宿舍自然通风下不同楼层的室内环境进行模拟分析，结果表明，高楼层宿舍通风环境优于低楼层宿舍，3 层以下宿舍需要结合强制送风或排风来改善室内环境。李陆明等（1993）研究了居室楼层和厨房通风条件对学龄儿童肺功能的影响，结果表明，居住在 1 层的人群呼吸系统发病率比居住在 5 层以上的人群高 3.61 倍，这与低楼层通风情况不利导致油烟暴露及底层污染物暴露有关。因此，开展人群居住楼房类型及居住楼层研究，对于分析居室的通风效果及其环境暴露健康风险具有重要的现实意义。2020 年流行性呼吸系统疾病流行期间，国家卫生健康委员会（2020）指出人群对病毒普遍易感，人群在家中或在指定场所封闭隔离期需加强通风，防范密闭空间可能出现的流行病传播风险。开展 2020 年初我国不同人群开窗通风行为及其影响因素的调查研究，研究结果对于了解流行性呼吸系统疾病流行期间人群行为模式及环境暴露健康风险，采取合理的流行病防控和健康风险防护措施具有重要的参考意义。

由于居住楼房类型、楼层和人群的职业类型属性等因素可影响居民的开窗通风行为（高菲等，2020），本研究对调查对象的居住楼层数和从事的职业属性进行了划分。根据《建筑结构荷载规范》（GB 50009—2012）中的风压高度变化系数，在距离地面 15 m 以内，城市市区建筑群风压高度变化系数均为 0.65，则 1 ～ 5 层窗户风压值相同；在距离地面 15 ～ 30 m，城市市区建筑群风压高度变化系数接近，且均小于 1，则划分楼层分为 6 ～ 10 层；距离地面 30 ～ 60 m，城市市区建筑群风压高度变化系数接近，均在 1 左右，由此划分为 11 ～ 19 层。因此，将调查对象的居住楼层分为 1 ～ 5 层、6 ～ 10 层、11 ～ 19 层及 20 层及以上。流行性呼吸系统疾病传播期间调查人群职业属性类型包括居家人员和在岗人员，在岗人员分为医护人员、疫区和隔离区工作人员、企业在岗人员、与人群广泛接触人员。其中医护人员包括急诊工作医护人员、流行病相关检测人员和普通病房门诊医护人员。依据《新型冠状病毒肺炎暴露风险防范手册－特殊从业人员》对人群的工作属性划分，为保障大众出行采购生活必需品、保证社会正常运转等，在流行病传播期间坚守岗位、在工作中需要接触各类人群，因此，与人群广泛接触人员包括餐饮、快递、交通等服务业人员，安保人员，村委会及街道社区工作人员，公交车、出租车、地铁工作人员，客运、铁路、航空工作人员以及超市、菜市场工作人员。

4.1 2020 年初开窗通风的频次和时间分布

4.1.1 开窗通风频次

2020 年初中国人群开窗通风频次的人数分布如下表 4-1 所示。99.7% 的居民有通风行为，69.2% 的居民通风频率不少于 2 次 /d，38.2% 的居民通风频率不少于 3 次 /d。不同人群通风频率差异显著：男性通风频率达到 4 次 /d 的人数比例大于女性，而不同年龄和文化水平的人群中，60 岁及以上人群和小学及以下的人群通风频率达到 4 次 /d 的人数比例均为组内最高。从流行性呼吸系统疾病传播期间所属人群来看，广泛接触人群的人员不开窗和仅开窗通风 1 次 /d 的人数比例均高于其他人群；而疫区、隔离区工作人员进行 4 次 /d 以上通风的人数比例最高，其次是医护人员。

表4-1 2020年初中国人群开窗通风频次人数分布

类别	样本量	不开窗的人数比例（%）	开窗通风频次的人数比例（%）			
			1次/d	2次/d	3次/d	4次/d
合计	7 784	0.3	30.5	31.0	19.7	18.5

续表

类别		样本量	不开窗的人数比例（%）	开窗通风频次的人数比例（%）			
				1次/d	2次/d	3次/d	4次/d
性别	男	3 364	0.4	28.1	30.1	19.7	21.7
	女	4 420	0.2	32.2	31.7	19.8	16.1
年龄	<18 岁	183	0.0	24.0	26.9	21.1	28.0
	18～29 岁	4 626	0.2	32.2	28.8	19.3	19.5
	30～44 岁	1 920	0.4	30.7	35.0	19.2	14.7
	45～59 岁	952	0.4	23.7	34.9	22.9	18.1
	≥60 岁	103	0.0	23.7	28.9	18.6	28.8
文化水平	小学及以下	76	0.0	24.6	20.3	26.1	29.0
	初中	415	0.5	26.3	29.7	24.3	19.2
	高中（普高、职高、中专）	912	0.1	23.6	33.4	24.0	18.9
	本科或专科	4 740	0.3	29.8	30.4	19.6	19.9
	研究生（硕士、博士）	1 641	0.3	37.5	32.5	16.4	13.3
人群类型	疫区、隔离区人员	56	0.0	29.6	25.9	20.4	24.1
	医护人员	139	0.0	21.6	40.3	17.9	20.2
	广泛接触人群人员	232	0.4	32.3	35.9	16.1	15.3
	企业在岗人员	874	0.4	25.9	35.6	21.7	16.4
	居家人员	6 053	0.3	31.3	30.3	19.4	18.7
	其他	430	0.5	29.6	27.4	22.6	19.9

2020 年初中国人群开窗通风频次如表 4-2 所示。中国人群的平均日常开窗通风频次为 2.7 次 /d，从片区分布看，西南与华南地区居民日常开窗通风频次最高，平均日常开窗通风频次为 3.4 次 /d，而东北地区最低，平均日常开窗通风频次为 2 次 /d。从城乡分布来看，农村居民的通风频次为 2.8 次 /d，高于城市居民（2.6 次 /d）。2020 年初中国人群分

区域、城乡、性别、年龄的开窗通风频次具体分布情况见附表 4-1 至附表 4-3。

表4-2　2020年初中国人群开窗通风频次

类别		样本量	开窗通风频次（次/d）					
			平均值	P5	P25	P50	P75	P95
合计		7 784	2.7	1.0	1.0	2.0	3.0	8.0
性别	男	3 364	2.8	1.0	1.0	2.0	3.0	10.0
	女	4 420	2.6	1.0	1.0	2.0	3.0	7.0
年龄	＜18 岁	183	3.3	1.0	2.0	2.0	4.0	10.0
	18～29 岁	4 626	2.7	1.0	1.0	2.0	3.0	8.0
	30～44 岁	1 920	2.5	1.0	1.0	2.0	3.0	7.0
	45～59 岁	952	2.7	1.0	2.0	2.0	3.0	7.0
	≥60 岁	103	3.3	1.0	2.0	2.0	4.0	10.0
城乡	城市	5 890	2.6	1.0	1.0	2.0	3.0	7.0
	农村	1 894	2.8	1.0	1.0	2.0	3.0	10.0
片区	华北	1 927	2.2	1.0	1.0	2.0	3.0	5.0
	华东	1 685	2.5	1.0	1.0	2.0	3.0	7.0
	华南	1 126	3.4	1.0	1.0	2.0	4.0	10.0
	西北	1 255	2.8	1.0	2.0	2.0	3.0	6.0
	东北	726	2.0	1.0	1.0	2.0	2.0	5.0
	西南	1 065	3.4	1.0	2.0	2.0	4.0	10.0

为探究小区流行性呼吸系统疾病传播情况和管控措施及周边医院分布对人群开窗通风行为模式的影响，本研究根据人群居住小区的流行病传播情况和流行病管理措施等因素对不同人群开窗通风频次进行分析。将人群居住的小区或村庄生活环境分为存在流行性呼吸系统疾病疑似病例、存在确诊病例、无流行性呼吸系统疾病疑似病例和无确诊病例这 4 种类型；管控措施包括小区是否进行全面消毒、是否控制人员进出频率、是否进行小区隔离、是否进出测体温并登记和周边是否有定点医院，具体如表 4-3 所示。

表4-3 2020年初小区流行性呼吸系统疾病传播情况、管控措施及小区周边医院分布下中国人群的开窗通风频次

因素		样本量	开窗通风频次（次/d）			x^2	P
			0～1	2～3	≥4		
是否有确诊病例	是	441	33.4	46.8	19.8	2.85	0.241
	否	7 343	30.6	51.0	18.4		
是否有疑似病例	是	564	33.9	47.7	18.4	2.96	0.227
	否	7 220	30.5	51.0	18.5		
是否进行全面消毒	是	6 007	28.4	53.4	18.2	79.51	<0.001
	否	1 777	38.7	41.9	19.4		
是否控制人员进出频率	是	7 092	30.4	51.1	18.5	4.62	0.099
	否	692	34.2	47.3	18.5		
是否进行小区隔离	是	3 420	26.6	53.9	19.5	46.85	<0.001
	否	4 364	34.0	48.4	17.6		
是否进出测体温并登记	是	6 759	29.7	51.9	18.4	29.25	<0.001
	否	1 025	37.8	43.6	18.6		
周边是否有定点医院	是	3 105	27.3	54.1	18.6	18.0	<0.001
	否	4 679	32.1	49.5	18.4		

对于居住小区内进行了全面消毒、小区隔离（如避免配送食品等）以及进出时测量体温并实名登记这 3 项管控措施的人群，其开窗通风频率显著高于无管控措施人群（$P < 0.001$）。小区进行了全面消毒的人群中，通风频率仅 0 ～ 1 次 /d 的人群少于无管控措施人群，而通风 2 次 /d 以上的人群（71.6%）则多于所在小区未进行全面消毒的人群（61.3%），进行小区隔离和进出时测量体温并实名登记两项管控措施下人群的开窗通风频次同样符合此规律。周边无定点医院的人群通风频率少于 1 次 /d 的人数较多（32.1%），而小区周边有定点医院的人群中，72.7% 的人群通风频率不少于 2 次 /d，显著高于小区周边无定点医院的人群（67.9%）。小区是否存在确诊或疑似病例并不显著影响人群的开窗通风频

率（P=0.227）。

居住在不同住宅类型的人群不同通风频率的人数比例如图 4-1 所示，总体上居住单元楼和公寓的人群通风频率低于居住在平房的人群。住宅类型为无独立院子平房的居民通风频率最高，住宅类型为单元楼或公寓的居民通风频率最低（x^2=63.23，$P \leqslant 0.001$）。住宅类型为无独立院子平房的居民进行高频通风（≥ 3 次 /d）的人数比例（53.0%）高于其他住宅类型。居住在单元楼或公寓的居民进行低频通风的人数比例最高。

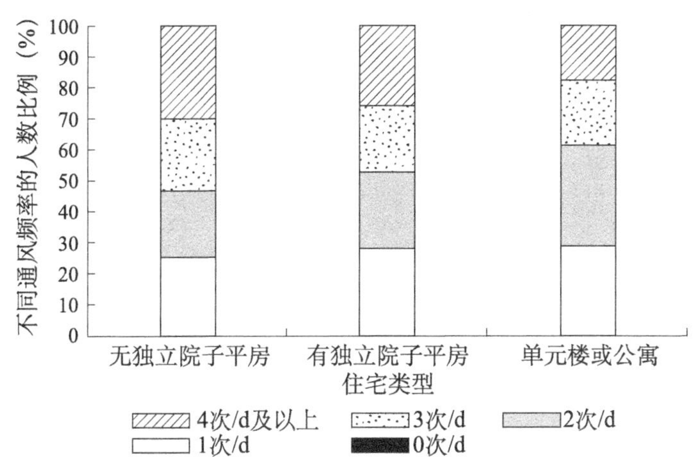

图4-1　2020年初不同住宅类型人群开窗通风频率的人数比例

4.1.2　开窗通风时间

2020 年初中国人群的每日通风时间在 93 ～ 126 min，平均开窗通风总时间为 116.3 min/d，如表 4-4 所示。我国人群日常通风总时间，从片区分布看，华南地区最高，居民日常通风总时间为 185.6 min/d，而东北地区最短，居民日常通风总时间为 48.7 min/d；从城乡分布来看，农村居民的通风总时间（125.9 min/d）高于城市居民（113.2 min/d）。2022 年初中国人群分区域、城乡、性别、年龄的开窗通风总时间具体分布情况见附表 4-5 至附表 4-7。

表4-4　2020年初中国人群开窗通风总时间

类别		样本量	开窗通风总时间（min/d）					
			平均值	P5	P25	P50	P75	P95
合计		7 784	116.3	91.8	102.7	116.3	130.0	140.9
性别	男	3 364	124.2	98.0	109.7	124.2	138.8	150.4
	女	4 420	110.3	87.0	97.4	110.3	123.3	133.7
年龄	<18 岁	183	150.2	119.3	133.0	150.2	167.3	181.0
	18～29 岁	4 626	118.9	93.9	105.0	118.9	132.8	143.9
	30～44 岁	1 920	105.4	82.8	92.9	105.4	118.0	128.0
	45～59 岁	952	115.1	90.7	101.6	115.1	128.7	139.6
	≥60 岁	103	155.8	124.1	138.2	155.8	173.4	187.4
城乡	城市	5 890	113.2	89.3	99.9	113.2	126.5	137.2
	农村	1 894	125.9	99.5	111.2	125.9	140.6	152.4
片区	华北	1 927	78.3	60.3	68.3	78.3	88.3	96.3
	华东	1 685	119.5	95.5	106.2	119.5	132.8	143.4
	华南	1 126	185.6	149.9	165.8	185.6	205.4	221.3
	西北	1 255	101.5	78.5	88.7	101.5	114.3	124.5
	东北	726	48.7	33.8	40.4	48.7	56.9	63.5
	西南	1 065	170.1	136.1	151.2	170.1	189.0	204.1

图 4-2 为位于不同建筑楼层（单元楼或公寓）人群在不同单次通风时间下的人数比例。结果显示，1 ～ 5 层低楼层居民的通风时间最短，其次为 20 层以上高层居民，而中层居民通风时间最长，且中层居民中位于 6 ～ 10 层的居民通风时间长于 11 ～ 19 层（x^2=25.06，P=0.015）

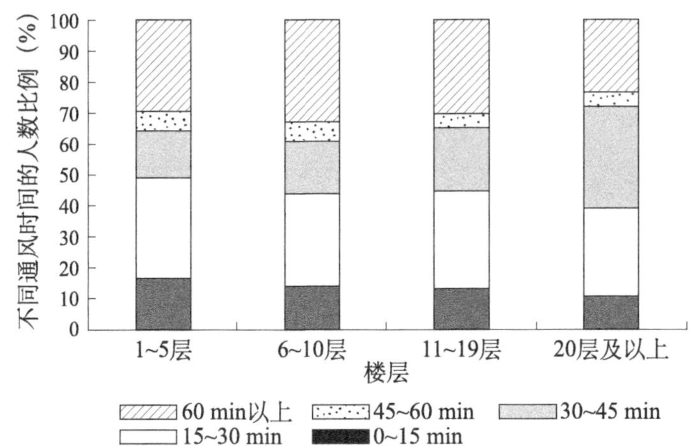

图4-2 2020年初不同建筑楼层人群开窗通风时间的人数比例

总体上，居住单元楼或公寓的人群日均通风时间低于居住在平房的人群，而居住在低楼层单元楼人群的通风时间较短，可见居住在单元楼或公寓的低楼层人群存在通风不足的问题。因此，低楼层住户需重视通风问题，特别是在流行性呼吸系统疾病传播期间，应尽量多通风，争取配备机械通风设备以保证新风量。

4.2 不同流行性呼吸系统疾病传播等级地区人群的开窗通风频次和时间

4.2.1 开窗通风频次

2020 年初不同流行性呼吸系统疾病传播等级地区居民日常开窗通风频次的人群分布、人群开窗通风频次分布如表 4-5 和表 4-6 所示。

表4-5 2020年初不同流行性呼吸系统疾病传播等级地区的开窗通风频次人群分布

流行性呼吸系统疾病传播等级	样本量	不开窗的人数比例（%）	开窗通风频次的人数比例（%）			
			1次/d	2次/d	3次/d	4次/d
合计	7 784	0.3	30.5	31.0	19.7	18.5
一级	523	1.8	16.0	33.3	27.4	21.5

续表

流行性呼吸系统疾病传播等级	样本量	不开窗的人数比例（%）	开窗通风频次的人数比例（%）			
			1次/d	2次/d	3次/d	4次/d
二级	2 561	0.1	27.2	33.8	20.9	18.1
三级	2 915	0.3	34.7	29.6	18.3	17.2
四级	1 395	0.2	32.3	28.7	18.8	20.1
五级	390	0.0	33.9	29.3	16.0	20.8

总体上，流行性呼吸系统疾病传播等级较低的地区，如一级地区和二级地区，每天开窗 2 次的人群占比最高，分别为 33.3% 和 33.8%；流行性呼吸系统疾病传播等级较高的地区，如四级地区和五级地区，每天开窗 1 次的人群占比最高，分别为 32.3% 和 33.9%。由此说明，随着流行性呼吸系统疾病传播等级的提高，人群每天开窗通风的频次整体上呈现下降趋势。

表4-6　2020年初不同流行性呼吸系统疾病传播等级地区的人群开窗通风频次

流行性呼吸系统疾病传播等级	样本量	开窗通风频次（次/d）					
		平均值	P5	P25	P50	P75	P95
合计	7 784	2.7	1.0	1.0	2.0	3.0	8.0
一级	523	2.8	1.0	2.0	2.0	3.0	6.0
二级	2 561	2.7	1.0	1.0	2.0	3.0	7.0
三级	2 915	2.6	1.0	1.0	2.0	3.0	8.0
四级	1 395	2.8	1.0	1.0	2.0	3.0	10.0
五级	390	2.7	1.0	1.0	2.0	3.0	10.0

由表 4-6 可知，2020 年初我国人群日常通风频次在不同流行性呼吸系统疾病传播等级的地区间有所差异。一级地区与四级地区居民日常开窗通风频次最高，为 2.8 次 /d，而三级地区最低，为 2.6 次 /d。2020 年初中国人群分流行性疾病传播等级、城乡、性别、年龄的开窗通风频次具体分布情况见附表 4-4。

4.2.2 开窗通风时间

2020 年初流行性呼吸系统疾病不同传播等级地区人群日常开窗通风总时间如表 4-7 所示。由表可知，2020 年初我国居民日常通风总时间在流行性呼吸系统疾病不同传播等级的地区间有所差异。总体上，流行性疾病传播等级较低地区的人群通风时间少于等级较高的地区。流行性疾病传播等级较高地区居民开窗通风总时间较高，其中四级地区居民通风总时间最长，达到 143.2 min/d，其次为五级地区（136.3 min/d）。2020 年初中国人群分流行性疾病传播等级、城乡、性别、年龄的开窗通风总时间具体分布情况见附表 4-8。

表4-7 2020年初不同流行性呼吸系统疾病传播等级地区人群的开窗通风总时间

流行性呼吸系统疾病传播等级	样本量	开窗通风总时间（min/d）					
		平均值	P5	P25	P50	P75	P95
合计	7 784	116.3	91.8	102.7	116.3	130.0	140.9
一级	523	105.1	81.6	92.1	105.1	118.1	128.5
二级	2 561	101.8	78.8	89.0	101.8	114.5	124.8
三级	2 915	115.7	91.4	102.2	115.7	129.1	139.9
四级	1 395	143.2	115.3	127.7	143.2	158.8	171.2
五级	390	136.3	109.7	121.5	136.3	151.1	162.9

4.3 2020 年初与“十二五”期间中国人群开窗通风总时间的比较

鉴于时间和温度是影响人群开窗通风行为的因素之一（Yao et al.，2017），此次中国人群环境暴露行为模式调查研究于 2020 年 2—3 月开展，为提高本次调查研究与“十二五”期间的可比性，以《中国人群暴露参数手册（成人卷）》（段小丽，2014）中居民春季的开窗通风时间作为参比的“十二五”期间居民的开窗通风时间。2020 年初中国人群开窗通风总时间与“十二五”期间的对比如表 4-8 所示。

表4-8 2020年初中国人群开窗通风总时间与“十二五”期间的对比

分类		开窗通风总时间（min/d）	
		2020年初	“十二五”期间
性别	男	124.2	524.0
	女	110.3	531.0
城乡	城市	113.2	420.0
	农村	125.9	420.0
片区	华北	78.3	354.0
	华东	119.5	581.0
	华南	185.6	758.0
	西北	101.5	334.0
	东北	48.7	245.0
	西南	170.1	609.0
流行性呼吸系统疾病传播等级	一级	102.0	274.0
	二级	93.0	366.0
	三级	108.0	540.0
	四级	126.0	720.0
	五级	117.0	581.0

注：由于“十二五”期间不存在突发性流行性呼吸系统疾病，上表中将各流行性呼吸系统疾病传播等级所对应的地区在两个时期进行比较。

与“十二五”期间居民通风总时间相比，2020年初流行性呼吸系统疾病传播期间中国人群通风总时间较短，且各地区人群的通风时间均大幅下降，各地应鼓励和提倡居民加强通风。从不同地区来看，2020年初华南地区居民通风总时间与“十二五”期间相比下降程度最大；且我国流行性呼吸系统疾病各传播等级地区的人群通风时间相比“十二五”期间均大幅下降，但下降程度有所不同，整体上传播等级较高地区的人群通风时间下降程度较高。

4.4 本章总结

（1）2020 年流行性呼吸系统疾病传播期间，我国 7 784 名调查人群中，有 99.7% 的居民有通风行为，69.2% 的居民通风频率不少于 2 次 /d，38.2% 的居民通风频率不少于 3 次 /d。在此期间根据工作属性划分的所属人群中，广泛接触人群的居民总体通风频率低，而疫区、隔离区工作人员具有较高的通风频率。

（2）2020 年初中国人群开窗通风频次为 2.7 次 /d，每日通风时间为 93 ～ 126 min，平均通风总时间为 116 min/d。从片区分布看，西南与华南地区居民日常开窗通风频次最高，东北地区最低；华南地区居民日常开窗通风总时间最长，东北地区最短。从城乡分布来看，农村居民的日常通风频次与通风总时间均高于城市居民。居民日常通风频次在流行性呼吸系统疾病不同传播等级的地区间有所差异，一级地区与四级地区居民日常开窗通风频次最高，而三级地区最低。居民日常通风总时间在不同流行性呼吸系统疾病传播等级间亦有所差异。总体上，流行性疾病传播等级较低地区人群的开窗通风时间少于等级较高地区，流行性疾病传播等级较高地区居民开窗通风总时间较长，其中四级地区居民通风总时间最长。与“十二五”期间居民春季的通风总时间相比，2020 年初中国人群通风总时间有所下降。从不同地区来看，2020 年初华南地区居民通风总时间与“十二五”期间相比下降程度最大。

（3）在“十二五”期间相关研究的基础上，2020 年突发流行性呼吸系统疾病传播期间人群开窗通风行为的影响因素表明，影响人群开窗通风行为的与流行病传播相关的管理控制因素包括小区防疫措施、小区周边医院分布情况。小区采取流行性呼吸系统疾病传播管控措施的人群，开窗通风频率显著高于无管控措施人群。小区周边有定点医院的人群中，72.7% 的人群通风频率在 2 次 /d 以上，显著高于小区周边无定点医院的人群（67.9%）。影响人群开窗通风行为的与流行病传播相关的其他因素为居民住宅类型、楼层及环境温度。住宅类型为无独立院子平房的居民通风频率最高，通风频率为 3 次 /d 及以上的人数达到 53.0%，而住宅类型为单元楼或公寓的居民通风频率最低。居住在 1 ～ 5 层低楼层居民的单次通风时间最短，而 6 ～ 10 层中楼层居民则最长。

参考文献

安晶晶，燕达，周欣，等，2015. 机械通风与自然通风对办公建筑室内环境营造差异性的模拟分析 [J]. 建筑科学，31（10）：124-133.

段小丽，2014. 中国人群暴露参数手册（成人卷）[M]. 北京：中国环境出版社 .

高菲，徐翔宇，郭倩，等，2020. 新冠肺炎疫情期间我国居民开窗通风频率和时间研究 [J]. 环境科学研究，33（7）：1668-1674.

国家卫生健康委员会，2020. 新型冠状病毒肺炎诊疗方案（试行第七版）[EB/OL].（2020-03-04）. http://www.nhc.gov.cn/xcs/zhengcwj/202003/46c9294a7dfe4cef80dc7f5912eb1989.shtml.

李陆明，周亚清，陈云巨，1993. 居室楼层和厨房通风条件对学龄儿童肺功能等的影响 [J]. 浙江预防医学与疾病监测（5）：28-29.

毛宇明，沈福杰，张焕珠，等，2015. 上海市黄浦区流行性感冒家庭内传播的影响因素 [J]. 职业与健康，31（20）：2799-2801.

孙越霞，侯静，王攀，等，2016. 宿舍通风量对感冒疾病传播的影响 [J]. 暖通空调，46(2)：37-40.

王伟，2013. 模拟分析学生宿舍自然通风下不同楼层的室内环境 [J]. 工程建设与设计（2）：83-88.

周佳佳，徐宝萍，2019. 基于室内空气质量和节能的通风策略研究 [J]. 建筑热能通风空调，38（12）：27-32.

ATKINSON J，CHARTIER Y，PESSOA-SILVA C L，et al.，2009. Natural ventilation for infection control in health-care settings[R]. Geneva: World Health Organization.

BERGLUND B，BRUNEKREEF B，KNOPPEL H，et al.,1992. Effects of indoor air pollution on human health[J]. Indoor Air，2(1): 2-25.

CHEN W Q，LING W H，LU C Y，et al.，2009. Which preventive measures might protect health care workers from SARS? [J].BMC Public Health，9: 81.

FENNELLY K P，MARTYNY J W，FULTON K E，et al.，2004. Cough-generated aerosols of Mycobacterium tuberculosis: a new method to study infectiousness[J]. PubMed，169(5): 604-609.

GAO X L，WEI J J，COWLING B J，et al.，2016. Potential impact of a ventilation intervention for influenza in the context of a dense indoor contact network in Hong Kong[J]. Science of the Total Environment，569-570(1): 373-381.

JEDRYCHOWSKI W，MAUGERI U，JEDRYCHOWSKA-BIANCHI I，et al.，2005. Effect of indoor air quality in the postnatal period on lung function in pre-adolescent children: a retrospective cohort study in Poland[J]. Public Health，199(6): 535-541.

LI Y，DUAN S，YU I T，et al.，2005. Multi-zone modeling of probable SARS virus transmission by airflow between flats in block E[J]. Indoor Air，15(2): 96-111.

LUONGO J C, FENNELLY K P, KEEN J A, et al., 2016. Role of mechanical ventilation in the airborne transmission of infectious agents in buildings[J]. Indoor Air, 26(5) : 666-678.

MAO J C, GAO N P, 2015. The airborne transmission of infection between flats in high-rise residential buildings: a review [J]. Building and Environment, 94(2): 516-531.

QIAN H, LI Y G, SETO W H, et al., 2010. Natural ventilation for reducing airborne infection in hospitals[J]. Building and Environment, 45(3): 559-565.

SUNDELL J, 2004. On the history of indoor air quality and health[J]. Indoor Air,14(S7): 51-58.

SUNDELL J, LEVIN H, NAZAROFF W W, et al., 2011. Ventilation rates and health: multidisciplinary review of the scientific literature[J]. Indoor Air, 21(3): 191-204.

YAO M Y, ZHAO B, 2017. Window opening behavior of occupants in residential buildings in Beijing[J]. Building and Environment, 124: 441-449.

YUEN P L, YAM R, YUNG R, et al., 2012. Fast-track ventilation strategy to cater for pandemic patient isolation surges [J]. Journal of Hospital Infection, 81(4): 246-250.

ZHANG N, HUANG H, SU B N, et al., 2018. A human behavior integrated hierarchical model of airborne disease transmission in a large city[J]. Building and Environment, 127: 211-220.

5 交通出行方式

流行病学证据表明，流行性传染病在全球传播的速度和程度可能会对人类健康和卫生系统造成严重负担（Biscayart et al.，2020）。高人群密度和封闭空间可为病毒通过气溶胶或飞沫传播提供有利条件（Yu et al.，2004），而高客运量也增加了污染物通过人体间接传播的机会（Li et al.，2005），因此运输系统可能会加速流感和病毒在全球范围内的扩散传播（WHO, 2003；WHO, 2010）。2003 年重症急性呼吸综合征（SARS）传播期间，有学者根据疾病传播的特点，建立相对封闭的交通工具内 SARS 病毒（SARS-CoV）传播模型，以及沿交通线尺度上人员流动的"飞点"空间传播模型，模拟 SARS 病毒传播的主要影响因子，结果表明 SARS 病毒沿交通线的"飞点"传播模型与交通线上人口流动有关（杨华等，2003）。2009 年甲型 H1N1 流感期间，学者对航空交通运输（Adlhoch, 2014；Ibrahim et al.，2009；Schenlkel et al.，2009；Vilella et al.，2012）、公共汽车（Piso et al.，2011）、火车与汽车（Cui et al.，2011）、轮船（Miller et al.，2000）中病毒的传播进行了流行病学调查及风险评估，发现空中、海上和地面大规模运输系统或枢纽会影响流感病毒及其他病毒在人与人之间的传播（Gupta et al.，2012；Mangili et al.，2005；Wagner et al.，2009；Wan，2010）。2020 年初流行性呼吸系统疾病传播期间，张毅等（2020）构建了关于交通出行的病毒易感评估模型，并对不同出行情境下的人群易感度进行了评估，为科学判断各交通方式出行过程中人群感染病毒的风险概率提供了信息；也有学者开展了关于流行性呼吸系统疾病病毒在铁路及飞机上传播模式的研究（Wilson，2020；Zhao et al.，2020），并检验了各交通方式的每日出行频次与流行性呼吸系统疾病病例数之间的相关性，结果显示通过公共交通工具输入的病例对流行性呼吸系统疾病的传播起着重要作用（Zheng et al.，2020）。

研究人群交通外出频率与交通出行方式是开展流行性呼吸系统疾

病传播风险研究、人群环境暴露健康风险评估以及相关防控措施实施制定的重要基础（Heymann，2020）。受地铁及轻轨等交通工具的普及（WHO，2020）、流行性呼吸系统疾病传播严重程度、公共交通制度及管控措施、地理分布、社会经济条件等因素的影响（Pan et al.，2020），人群的外出频率和出行方式可能有所不同。然而，有关我国人群在流行性呼吸系统疾病传播期间交通出行方式及影响因素的研究较为鲜见。此次流行性呼吸系统疾病传播期间我国采取了严格的管控措施，居民积极响应政府号召进行居家隔离，但由于生活及工作需要、开展或服务于流行病防控工作等原因仍有一部分人群会进行外出活动。因此，开展流行性呼吸系统疾病传播期间人群交通出行模式的研究，对于流行病传播防控措施的制定、人群经空气等环境介质暴露健康风险的科学评估具有重要的现实意义。

交通相关暴露行为模式作为《行为模式》的一部分，通过覆盖全国的人群调查数据，探讨和分析不同人群的外出频率和出行方式，以期为流行性呼吸系统疾病传播的精准防控提供基础信息，为未来类似重大公共卫生事件的科学研判和精准防控提供基础信息。本次调查关于人群外出行为部分主要设置了交通出行频次和交通出行方式两个方面的内容。2020 年初居民外出频率的调查中，“外出”是指居民前往家庭居住场所以外的地方的行为；居民交通方式的调查，是针对有外出行为的人群，其在出行时选择的交通工具的调查；调查的交通方式类型主要包括步行、出租车、自行车或电动车、公共交通、私家车。

5.1 2020 年初人群外出交通方式分布

2020 年初人群中有 24.9% 的人不曾进行外出活动，75.1% 人群具有出行活动行为，其中：最高出行频次为 1 天多次，人数占比 5.5%，10.2% 的人一周外出一次，17.6% 人群一周以上外出一次，47.3% 的人一周内多次外出。对于有出行行为的人群，人群出行时有 63.3% 的人群选择步行出行，41.0% 人群通过私家车出行，19.5% 人群采用自行车或电动车方式出行，选择公交车、地铁、轻轨等公共交通出行的人数占比为 6.3%，4.0% 人群选择出租车方式出行。

5.1.1 外出频率

2020年初我国居民外出频率见表5-1，按区域、城乡、性别、年龄分布的外出频率见附表5-1至附表5-3。从性别来看，男性1天多次（7.8%）、1天一次（15.2%）、2天一次（11.2%）和3天一次（12.5%）出行人数占比高于女性；女性4～6天出行一次（8.4%）、一周及以上出行一次（31.1%）和不曾外出人数占比（27.1%）高于男性占比（22.1%）。从年龄来看，30～44岁的人群多数为1天外出一次，小于30岁的人群在此期间没有外出活动的人数占比较高，其中小于18岁人群不曾外出人数占比最高（42.6%）；45～59岁人群相比其他年龄段人群1天多次出行的人数占比最高（10.8%）。从城乡来看，城市人群出行频次显著高于农村人群，城市人群1天多次（5.7%）和1天一次（13.9%）等出行人数占比均高于农村人群，农村人群中不曾外出（32.2%）人数占比高于城市人群（22.6%）。从片区来看，西北地区1天多次（7.6%）和1天一次（17.5%）出行人数相比其他片区人群占比最高，华南地区不曾外出（28.4%）的人数占比高于其他片区，这可能是西北地区受流行性呼吸系统疾病影响较小，而华南地区受流行病影响较大所致。

为探究小区流行性呼吸系统疾病传播情况和周边医院分布对人群交通出行频次的影响，本研究根据人群居住小区的流行病传播情况等因素对不同人群交通出行的频次进行分析。将人群居住的小区或村庄生活环境分为存在流行性呼吸系统疾病疑似病例、存在确诊病例、无流行性呼吸系统疾病疑似病例和无确诊病例这4种类型；管控措施主要包括小区周边是否有定点医院，具体如表5-1所示。在当地或附近有疑似或确诊病例存在的情况下，居民一周内出行频次低于无疑似或确诊病例地区，而一周以上出行一次或不曾出行的人数占比较高；在当地或附近无疑似或确诊病例存在的情况下，居民一周内出行一次及多次的频率较高。当小区或村庄方圆一千米内有定点医院时，居民一周内出行频次要高于无定点医院的地区，而无定点医院地区居民一周以上出行一次或不曾外出的人群占比较高。

分别对性别、城乡、年龄、片区、当地或附近疑似病例情况、定点医院情况及流行性呼吸系统疾病传播等级等因素与居民出行频次进行Pearson x^2 检验，结果均具有显著性差异（$P < 0.05$），表明上述因素均

表5-1 2020年初中国人群外出频率

类别		样本量	人群外出频率（%）										P
			1天多次	1天一次	2天一次	3天一次	4天一次	5天一次	6天一次	一周一次	一周以上一次	不曾外出	
合计		7 784	5.5	12.6	9.4	11.6	3.9	3.4	0.8	10.2	17.6	24.9	
性别	男	3 364	7.8	15.2	11.2	12.5	3.7	3.2	0.7	9.2	14.4	22.1	<0.001
	女	4 420	3.8	10.7	7.9	10.9	4.1	3.5	0.8	11.0	20.1	27.1	
年龄	＜18岁	183	4.9	2.2	7.1	8.7	4.4	4.4	0.5	8.2	16.9	42.6	<0.001
	18～29岁	4 626	3.8	8.2	7.4	10.4	3.6	3.5	0.6	10.6	21.7	30.2	
	30～44岁	1 920	6.9	19.5	12.8	13.1	4.4	3.7	0.8	10.1	12.3	16.5	
	45～59岁	952	10.8	22.1	12.7	14.8	4.1	2.4	1.1	9.1	9.1	13.8	
	≥60岁	103	8.7	12.6	6.8	13.6	7.8	1.9	2.9	8.7	15.5	21.4	
城乡	城市	5 890	5.7	13.9	10.1	12.6	4.2	3.3	0.7	10.6	16.4	22.6	<0.001
	农村	1 894	5.2	8.8	7.1	8.5	3.1	3.7	0.8	9.1	21.5	32.2	

续表

类别		样本量	人群外出频率（%）										P
			1天多次	1天一次	2天一次	3天一次	4天一次	5天一次	6天一次	一周一次	一周以上一次	不曾外出	
片区	华北	1 927	5.1	11.8	9.0	11.4	4.5	3.7	0.6	9.7	17.8	26.5	<0.001
	华东	1 685	4.2	11.5	10.3	12.8	3.7	4.0	0.7	11.1	18.8	22.9	
	华南	1 126	6.0	10.9	8.2	10.2	4.1	2.7	1.1	10.4	18.1	28.4	
	西北	1 255	7.6	17.5	9.3	11.4	3.2	2.7	0.6	8.4	13.7	25.6	
	东北	726	5.2	15.3	11.8	11.7	4.4	2.9	1.2	10.1	17.8	19.6	
	西南	1 065	5.8	10.1	8.1	11.5	3.7	3.8	0.7	12.0	19.6	24.7	
当地/附近疑似病例	有	564	3.7	9.6	8.3	10.8	3.8	3.1	1.0	9.4	21.1	29.1	0.013
	无	7 220	5.7	12.9	9.4	11.6	3.9	3.2	1.0	10.3	17.4	24.6	
当地/附近确诊病例	有	441	5.2	10.4	9.1	9.8	3.5	3.0	1.2	9.5	18.8	29.5	0.352
	无	7 343	5.6	12.8	9.4	11.7	4.1	3.1	0.9	10.3	17.6	24.7	
定点医院情况	有	2 166	6.2	12.7	9.4	13.0	4.2	3.4	0.7	10.6	16.3	23.7	0.04
	无	5 618	5.3	12.6	9.4	11.0	3.9	3.3	0.8	10.1	18.2	25.4	

可能是影响居民出行频次的潜在因素。

5.1.2 出行方式

流行性呼吸系统疾病传播期间我国居民出行主要选择步行（63.3%），其次是选择私家车出行（41.0%），选择自行车或电动车出行的人数占比为19.5%，选择公共交通出行的人数占比仅为6.3%，选择出租车出行的人数占比最少，仅为4.0%。从性别来看，男性外出选择步行（63.6%）、私家车（41.6%）、自行车或电动车（20.4%）的人数占比高于女性，女性外出交通工具选择公共交通（7.2%）和出租车（4.1%）出行人数占比高于男性。从年龄来看，60岁以上人群选择步行出行的人数占比高于其他年龄段，18～29岁的人群是自行车或者电动车出行的主要群体，30～44岁人群选择私家车（45.0%）和出租车（3.3%）出行人数占比最高，45～59岁人群选择公共交通（7.5%）出行人数占比最高。在选择公共交通出行方式的人群中，小于18岁的人群占比最高，其次为60岁及以上人群，18～29岁人群选择公共交通出行的人数占比较少。

从城乡来看，农村人群选择步行（71.6%）、自行车或电动车（25.6%）出行人数占比高于城市；城市人群外出选择出租车（4.6%）、公共交通（7.5%）和私家车（44.4%）人数占比高于农村人群；总体上，选择感染危险性较高的交通工具（公共交通和出租车）的人群中，城市地区人数占比高于农村地区。从片区来看，西北地区选择公共交通（15.2%）出行人数占比高于其他片区；西南地区选择步行（70.4%）出行的人数占比高于其他片区；东北地区选择出租车（7.3%）、私家车（48.4%）出行的人群占比高于其他片区；华东地区选择自行车或电动车出行的人数占比最高，为29.2%。总体上，东北地区和西北地区选择公共交通工具（公共交通和出租车）出行的人数占比高于其他片区，而自行车或电动车出行人数占比低于其他片区。流行性呼吸系统疾病传播期间西北地区选择公共交通出行的人数占比远高于其他片区，一方面可能与各地区地铁、轻轨等公共交通的普及程度有关，另一方面还可能取决于当地流行病的严重程度，以及流行病传播期间不同省（区、市）的公共交通制度政策（Pan et al.，2020；WHO，2020）。2020年初我国居民出行方式分布特征见表

5-2，按区域、城乡、性别、年龄分布的出行方式见附表 5-5 至附表 5-7。

对流行性呼吸系统疾病传播期间所属人群类别以及小区或村庄附近定点医院情况与居民交通方式之间进行差异性检验。结果显示，当地或附近有疑似病例的地区选择步行（72.1%）和出租车（6.6%）的人群占比显著高于无疑似病例的地区（62.7%、3.8%，$P < 0.01$）；当地或附近有确诊病例的地区选择步行（73.0%）的人群占比显著高于无确诊病例地区（62.8%，$P < 0.01$）；小区或村庄附近是否有定点医院的情况可能会影响居民选择自行车或电动车出行（$P < 0.05$）。流行性呼吸系统疾病传播期间所属人群类别（数据未在表 5-2 中列出）可能会影响居民交通方式的选择（$P < 0.001$）。流行性呼吸系统疾病传播期间所属人群主要分为居家人群（78.5%）和未居家人群（21.5%），居家人群在出行过程中主要采用步行；未居家人群中，急诊工作医护人员多采用步行、私家车等交通方式，公交车、出租车、地铁工作人员采用出租车和公共交通出行的比例高于其他人群。综上，流行性呼吸系统疾病传播期间我国居民出行方式可能受到多种因素的共同作用，因此在后续的流行病学研究中，应注意结合此次流行病传播期间的出行规律进行科学防控和研究（Chiodini，2020）；进行暴露研究与风险评级时，还可与其他暴露参数相结合（Carlyn et al., 2014；王贝贝等，2014；王宗爽等，2009）。

表5-2　2020年初中国人群出行方式

类别		样本量	人群出行方式（%）				
			步行	出租车	自行车或电动车	公共交通	私家车
合计		7 784	63.3	4.0	19.5	6.3	41.0
性别	男	3 364	63.6	3.8	20.4	5.2	41.6
	女	4 420	63.1	4.1	18.8	7.2	40.5
年龄	＜18 岁	183	38.8	2.2	10.4	4.4	10.9
	18～29 岁	4 626	46.9	2.8	14.4	3.6	20.8
	30～44 岁	1 920	37.3	3.3	13.6	4.8	45.0
	45～59 岁	952	47.2	1.8	11.7	7.5	40.1
	≥60 岁	103	61.2	2.9	10.7	5.8	19.4

续表

类别		样本量	人群出行方式（%）				
			步行	出租车	自行车或电动车	公共交通	私家车
城乡	城市	5 890	61.0	4.6	17.9	7.5	44.4
	农村	1 894	71.6	1.9	25.6	1.8	28.5
片区	华北	1 927	60.0	2.6	23.1	3.3	42.9
	华东	1 685	60.1	2.2	29.2	4.6	44.0
	华南	1 126	61.2	3.0	26.2	3.0	36.3
	西北	1 255	67.3	6.3	9.5	15.2	32.1
	东北	726	64.8	7.3	4.8	6.6	48.4
	西南	1 065	70.4	4.9	13.4	6.5	42.6
当地或附近疑似病例	有	377	72.1	6.6	18.8	6.9	31.0
	无	5 105	62.1	3.8	19.6	6.2	41.7
当地或附近确认病例	有	296	73.0	5.7	18.2	7.4	30.4
	无	5 186	62.8	3.9	19.6	6.2	41.6
定点医院情况	有	1 562	62.9	3.9	20.6	6.2	40.5
	无	3 920	64.5	4.2	16.9	6.3	42.2

5.2 2020 年初不同流行性呼吸系统疾病传播等级地区人群外出交通方式

5.2.1 外出频率

对于外出频率，流行性呼吸系统疾病传播等级越高的地区居民具有外出行为的人数占比越少，一级地区居民流行性疾病期间不曾外出人数占比最低，为 14.3%；流行性疾病传播等级最高的地区（湖北）居民不曾外出人数占比最高，为 47.4%，1 天多次和 1 天一次出行人数占比均最低，分别为 3.6% 和 7.9%。流行性疾病传播等级越低的地区，居民高频率出行（1 天一次和 1 天多次）的人数占比越高，受流行病传播影响程度最低的地区（一级地区）每天一到多次出行的人数占比为 39.6%；受流行病传播影响程度中等的地区（三级地区），居民中频率出行（2 ～ 6 天出行一次）和低频率出行（一周一次和一周以上一次）

人数占比较高，分别为 32.1% 和 29.1%。2020 年初不同流行性呼吸系统疾病传播等级下我国居民的外出频率见表 5-3，按流行性呼吸系统疾病传播等级、城乡、性别、年龄分布的外出频率见附表 5-4。

表5-3 2020年初不同流行性呼吸系统疾病传播等级地区人群外出频率

流行性呼吸系统疾病传播等级	样本量	人群的外出频率（%）									
		1天多次	1天一次	2天一次	3天一次	4天一次	5天一次	6天一次	一周一次	一周以上一次	不曾外出
合计	7 784	5.5	12.6	9.4	11.6	3.9	3.4	0.8	10.2	17.6	24.9
一级	523	10.9	28.7	9.2	10.1	3.1	2.5	0.6	13.4	7.3	14.3
二级	2 561	5.6	12.7	8.7	11.1	4.1	3.3	0.7	9.8	18.0	25.9
三级	2 915	4.9	10.6	10.7	12.5	4.0	4.1	0.8	10.3	18.8	23.3
四级	1 395	5.2	12.1	9.7	12.8	3.5	2.8	1.0	9.7	18.9	24.3
五级	390	3.6	7.9	2.8	5.6	4.6	1.8	0.0	10.5	15.6	47.4

5.2.2 出行方式

受流行性呼吸系统疾病影响程度最低的地区即一级地区，居民选择步行、骑车出行（自行车或电动车）的人数占比均最少，分别为 57.3% 和 5.5%，而选择出租车和公共交通出行人数占比高于其他等级地区，分别为 9.9% 和 25.7%；五级地区居民步行比例最高，为 78.6%，其他出行方式人数占比均较低；总体上，其余流行性呼吸系统疾病传播等级地区的居民出行均符合流行病期间我国居民总体出行规律。2020 年初不同流行性呼吸系统疾病传播等级下我国居民的出行方式见表 5-4，按流行性疾病传播等级、城乡、性别、年龄分布的人群出行方式见附表 5-8。

表5-4 2020年初不同流行性疾病传播等级地区人群出行方式

流行性疾病传播等级	样本量	人群出行方式（%）				
		步行	出租车	自行车或电动车	公共交通	私家车
合计	5 482	63.3	4.0	19.5	6.3	41.0
一级	436	57.3	9.9	5.5	25.7	33.9
二级	1 777	65.1	4.0	13.6	4.9	44.1

续表

流行性疾病传播等级	样本量	人群出行方式（%）				
		步行	出租车	自行车或电动车	公共交通	私家车
三级	2 057	63.2	3.6	24.7	5.1	40.8
四级	1 011	59.8	1.9	26.6	3.9	44.1
五级	201	78.6	5.5	13.9	0.0	15.4

5.3 2020 年初与“十二五”期间中国人群外出交通方式的对比

将环境保护部发布的《中国人群暴露行为模式研究报告（成人卷）》（段小丽，2014）中的成人交通出行数据作为“十二五”期间居民交通出行的主要依据，与此次流行性呼吸系统疾病传播期间成人交通出行数据进行对比分析。分析内容包括“十二五”期间与流行性呼吸系统疾病传播期间我国成人选择步行、自行车或电动车、公共交通、小轿车（包括出租车和私家车）的出行人数占比，并分层对比不同性别、年龄、城乡、学历和流行病传播等级下我国成人交通方式的差异。结果均表明流行性呼吸系统疾病传播使我国成人交通方式发生较大变化，说明该研究中与“十二五”期间居民交通方式的对比分析具有一定代表性。2020 年初与“十二五”期间中国人群外出交通方式的比较见表 5-5。

总体上，与“十二五”期间中国人群外出交通方式相比，2020 年初中国人群具有外出行为的人数占比下降。对于出行人群，选择私家车出行的人数占比增长 7 倍，步行和小轿车出行人数占比明显上升，尤其是选择小轿车（出租车和私家车）出行的人数占比增长了 39.2%，而选择公交车、地铁、轻轨等公共交通工具出行的人数占比显著下降。具体来看，流行性呼吸系统疾病传播期间，我国成人由原来 88.8% 的居民会每日规律出行降至 75.1% 的居民会外出活动。受流行性呼吸系统疾病影响最小的地区（一级地区），2020 年选择步行出行的人数占比与“十二五”期间基本相同；二级、三级、四级地区，流行性呼吸系统疾病传播期间居民选择步行、自行车或电动车出行的人数占比与

“十二五”期间稍有差异；湖北（五级地区）居民选择步行、自行车或电动车出行的人数占比与“十二五”期间有显著差异；总体上，流行性呼吸系统疾病传播等级较高的地区，选择公共交通出行的人数占比较低，调查样本中湖北乘公共交通出行人数为0。此次调查中，居民选择小轿车（出租车和私家车）出行的人数占比相比于2011—2012年调查中小轿车出行水平大大提高，除了可能由于流行性呼吸系统疾病传播提高了居民的私家车出行水平外，还可能与近几年国家经济水平的快速发展以及居民个人收入水平的提高有关（Zander et al.，2014）。在对比分析公共交通时，将2011—2012年调查的成人乘坐公交车、地铁出行数据与此次调查中公交车、地铁与轻轨的出行人群占比进行对比，发现尽管缺少轻轨这一类别数据，“十二五”期间乘坐公共交通出行人数占比仍然远高于流行性呼吸系统疾病传播期间。

表5-5　2020年初与“十二五”期间中国成人出行方式对比

类别		外出交通方式（%）								
		步行		自行车或电动车		公共交通		小轿车		
		“十二五”期间	2020年初	“十二五”期间	2020年初	“十二五”期间	2020年初	“十二五”期间小轿车	2020年初出租车	2020年初私家车
合计		50.9	63.3	24.8	19.5	13.8	6.3	5.8	4.0	41.0
性别	男	49.9	63.6	24.1	20.4	13.5	5.2	8.7	3.8	41.6
	女	62.2	63.1	32.0	18.8	16.2	7.2	3.8	4.1	40.5
年龄	18～29岁	48.0	46.9	62.1	14.4	89.9	3.6	18.0	2.8	20.8
	30～44岁	57.5	37.3	59.1	13.6	83.4	4.8	14.0	3.3	45.0
	45～59岁	74.4	47.2	43.1	11.7	82.5	7.5	9.1	1.8	40.1
	≥60岁	88.2	61.2	20.8	10.7	91.0	5.8	2.5	2.9	19.4
城乡	城市	54.8	61.0	29.9	17.9	22.0	7.5	9.2	4.6	44.4
	农村	56.9	71.6	26.4	25.6	9.0	1.8	4.0	1.9	28.5

续表

类别		外出交通方式（%）								
		步行		自行车或电动车		公共交通		小轿车		
		“十二五”期间	2020年初	“十二五”期间	2020年初	“十二五”期间	2020年初	“十二五”期间小轿车	2020年初出租车	2020年初私家车
片区	华北	52.0	60.0	42.0	23.1	10.6	3.3	6.1	2.6	42.9
	华东	47.5	60.1	38.9	29.2	12.1	4.6	8.4	2.2	44.0
	华南	55.2	61.2	22.6	26.2	14.4	3.0	4.9	3.0	36.3
	西北	73.4	67.3	18.6	9.5	17.4	15.2	5.5	6.3	32.1
	东北	53.2	64.8	13.8	4.8	25.7	6.6	6.9	7.3	48.4
	西南	72.7	70.4	7.5	13.4	19.2	6.5	4.5	4.9	42.6
流行性呼吸系统疾病传播等级	一级	56.9	57.3	3.0	5.5	43.3	25.7	10.0	8.9	34.9
	二级	53.4	65.1	18.0	13.6	14.2	4.9	5.3	7.2	40.9
	三级	51.1	63.2	26.3	24.7	14.3	5.1	6.7	5.5	38.9
	四级	47.4	59.8	28.2	26.6	10.5	3.9	5.5	3.3	42.7
	五级	56.9	78.6	32.4	13.9	20.9	0.0	2.9	1.2	19.7

5.4 本章总结

（1）2020 年初流行性呼吸系统疾病传播期间，受调查人群有 24.9% 的人不曾外出活动，75.1% 的人可能会由于生活或工作等原因出行。对于具有出行行为的人群，5.5% 的人 1 天多次外出，17.6% 的人每周出行频次不到一次。人群外出频率和出行方式在全国范围内存在着一定的片区差异和城乡差别，华南地区不曾外出的人数占比最高；城市人群出行频率高于农村；男性出行频率高于女性；小于 30 岁人群没有外出活动人数的占比较高；流行性呼吸系统疾病传播等级越高的地区，居民具有外出行为人数比例越少，受流行病影响越小的地区，居民在流行病传播期间高频率（1 天一次和 1 天多次）出行人数占比越高。

（2）流行性呼吸系统疾病传播期间我国居民出行交通方式中主要以步行为主（63.3%），其次是私家车（41.0%）、自行车或电动车

（19.5%）、公共交通（6.3%）以及出租车出行（4.0%）；男性选择步行、自行车或电动车、私家车的人数占比均高于女性；30 ～ 44 岁人群选择私家车和出租车出行的人数比例均最高，45 ～ 59 岁人群选择公共交通出行的人数占比最高；总体上，女性中小于 18 岁和 45 ～ 59 岁的人群可能更倾向于乘坐公共交通出行，在进行风险防控时应注意敏感人群的识别与关注。流行性呼吸系统疾病传播期间我国居民的出行频次和交通方式可能与性别、年龄、城乡、片区等人口统计学因素有关，也可能受所在地或附近的疑似和确诊病例情况等影响，同时与所在地区流行性呼吸系统疾病的严重程度有关。

（3）与“十二五”期间相比，流行性呼吸系统疾病传播降低了我国成人的出行频次，尤其是湖北以及其他受流行病影响严重地区的居民。2020 年我国成人选择步行和小轿车（出租车和私家车）出行的人数比例比“十二五”期间有所增加，尤其是选择小轿车（出租车和私家车）出行的人数占比增长了 39.2%，而选择公共交通（公交车、地铁和轻轨）和自行车或电动车等交通方式出行的人数占比则有所降低，附表中提供了不同区域、流行性呼吸系统疾病传播等级更具体的分布情况。总体上，我国居民在流行性呼吸系统疾病传播期间的出行频次及交通方式与“十二五”期间有很大不同，且受流行性呼吸系统疾病严重程度的影响显著。在开展流行性疾病传播防控或后续的流行病学以及暴露和风险评估研究中，除了考虑基本的人口统计学因素，还需结合流行性呼吸系统疾病传播形势下人群特殊的出行情景及行为模式进行科学防控和研究。

参考文献

段小丽，2014. 中国人群环境暴露行为模式研究报告 (成人卷)[M]. 北京：中国环境出版社 .

王贝贝，王宗爽，赵秀阁，等，2014. 我国成人室内外活动时间研究 [J]. 环境与健康杂志，31(11): 945-948.

王宗爽，段小丽，刘平，等，2009. 环境健康风险评价中我国居民暴露参数探讨 [J]. 环境科学研究，22(10): 1164-1170.

杨华，李小文，施宏，等，2003. SARS 沿交通线的“飞点”传播模型 [J]. 遥感学报，7(4):251-255.

张毅，王雪成，毕清华，2020. 基于新型冠状病毒传播机理的交通出行易感度研究[J]. 交通运输研究，6(1):73-80.

ADLHOCH C L K，2014. Risk assessment guidelines for infectious diseases transmitted on aircraft (RAGIDA): influenza [R]. Stockholm: European Centre for Disease Prevention and Control: 18-40.

BISCAYART C，ANGELERI P，LLOVERAS S，et al.，2020. The next big threat to global health? 2019 novel coronavirus (2019-nCoV): What advice can we give to travellers? – Interim recommendations January 2020 from the Latin-American society for Travel Medicine (SLAMVI)[J]. Travel Medicine and Infectious Disease，33（1-2）: 101567.

CARLYN M，DAVID S，KARELYN D，et al.，2014. Effects of age，season，gender and urban-rural status on，time-activity: Canadian human activity pattern survey 2 (CHAPS 2) [J]. International Journal of Environmental Research and Public Health，11(2): 2108-2124.

CHIODINI J，2020. Maps，masks and media: traveller and practitioner resources for 2019 novel coronavirus (2019-nCoV) acute respiratory virus[J]. Travel Medicine and Infectious Disease，33: 101574.

CUI F Q，LUO H M，ZHOU L，et al.，2011. Transmission of pandemic influenza a (H1N1) virus in a train in China[J]. Journal of Epidemiology，21: 271-277.

GUPTA J K，LIN C H，CHEN Q，2012. Risk assessment of airborne infectious diseases in aircraft cabins[J]. Indoor Air，22: 388-395.

HEYMANN D L，2020. Data sharing and outbreaks: best practice exemplified [J]. The Lancet，395(10223): 469-470.

IBRAHIM A，JACQUES C，ANNICK D，et al.，2009. Risk assessment guidelines for diseases transmitted on aircraft. Part 2: operational guidelines for assisting in the evaluation of risk for transmission by disease[R]. Stockholm: European Centre for Disease Prevention and Control: 7-15.

LI Y，HUANG X，YU I T S，et al.，2005. Role of air distribution in SARS transmission during the largest nosocomial outbreak in Hong Kong [J]. Indoor Air，15(2): 83-95.

MANGILI A，GENDREAU M A，2005. Transmission of infectious diseases during commercial air travel[J]. Lancet，365(9463): 989-996.

MILLER J M，TAM T W S，MALONEY S，et al.，2000. Cruise ships: high-risk passengers and the global spread of new influenza viruses[J]. Clinical Infectious Diseases，31(2): 433-438.

PAN X C，OJCIUS D M，GAO T Y，et al.，2020. Lessons learned from the 2019-nCoV epidemic on prevention of future infectious diseases[J]. Microbes and Infection，22(2): 86-91.

PISO R J, ALBRECHT Y, HANDSCHIN P, et al., 2011. Low transmission rate of 2009 H1N1 influenza during a long-distance bus trip[J]. Infection, 39: 149-153.

SCHENLKEL K, AMOROSA R, MUCKE I, et al., 2009. Risk assessment guidelines for infectious diseases transmitted on aircraft[R]. Stockholm: European Centre for Disease Prevention and Control: 3-10.

VILELLA A, SEANO B, MACOS M A, et al., 2012. Pandemic influenza A (H1N1) outbreak among a group of medical students who traveled to the Dominican Republic [J]. Journal of TravelMedicine, 19: 9-14.

WAGNER B G, COBURN B J, BLOWER S, 2009. Calculating the potential for within-flight transmission of influenza A (H1N1)[J]. BMC Medicine, 7(1): 81-87.

WAN M P, 2010. Modeling the pathogen exposure and infection risk associated with fomite transmission in an aircraft cabin mock-up[J]. AIP Conference Proceedings, 1233: 1576-1581.

WHO, 2003. Global alert and response: Severe acute respiratory syndrome (SARS)—multi-country outbreak—update 43[EB/OL]. (2003-04-30). http://www.who.int/.

WHO, 2010. Global alert and response: Pandemic (H1N1) 2009—update 112[EB/OL]. (2010-08-06).http://www.who.int/csr/don/2010_08_06/en/.

WHO, 2020. Statement on the meeting of the international health Regulations (2005) emergency committee regarding the outbreak of novel coronavirus (2019-nCoV). [EB/OL]. (2020-01-30). https://reliefweb.int/report/china/statement-second-meeting-international-health-regulations-2005-emergency-committee.

WILSON M E, 2020. What goes on board aircraft? passengers include Aedes, Anopheles, 2019-nCoV, dengue, Salmonella, Zika, et al[J]. Travel Medicine and Infectious Disease, 33:101572.

YU I T S, LI Y, WONG T W, et al., 2004. Evidence of Airborne Transmission of the Severe Acute Respiratory Syndrome Virus[J]. New England Journal of Medicine, 350(17): 1731-1739.

ZANDER A, RISSEL C, ROGERS K, et al., 2014. Active travel to work in NSW: trends over time and the effect of social advantage[J]. Health Promotion Journal of Australia, 25(3):167-173.

ZHAO S, ZHUANG Z, RAN J, et al., 2020. The association between domestic train transportation and novel coronavirus (2019-nCoV)outbreak in China from 2019 to 2020: a data-driven correlationalreport[J]. Travel Medicine and Infectious Disease, 33: 101568.

ZHENG R Z, XU Y, WANG W Q, et al., 2020. Spatial transmission of COVID-19 via public and private transportation in China[J]. Travel Medicine and Infectious Disease, 34: 101626.

6 洗手行为

洗手行为作为一种个人基础保护措施，被广泛地视为预防传染性疾病最有效的手段之一（Mariwah et al.，2012；Pengpid et al.，2012），在传染病预防方面一直发挥着重要作用。Fung 等（2006）整理了严重急性呼吸综合征（SARS）流行性疾病期间关于洗手行为干预 SARS 病毒传播的有效性研究，通过对 10 项流行病学研究数据的综合分析发现，对于非感染对照组人群而言，洗手对 SARS 病毒传播的暴露具有保护作用，对于 SARS 病毒传播的防控具有重要作用。Stephen 等（2020）通过分析亚洲相对落后地区霍乱传染病应对的政策及相关研究，发现在亚洲霍乱传染病防控的过程中，推广洗手是最广泛的措施之一。Cairncross（2003）研究表明，洗手是一项减少儿童腹泻与急性呼吸道感染疾病的既简便又重要的措施。吴玉红（2013）在手足口病调查研究中，选取夏、秋季在南昌市中西医结合医院及传染病医院就诊的 60 例手足口病确诊患儿（观察组）及 60 例健康儿童（对照组），利用 logistic 回归分析筛选出与手足口病密切相关的危险因素，证实饭前便后不洗手，不用肥皂、洗手液洗手是发病的危险因素之一。洗手对于手足口病的预防尤为重要，这一点在魏凌云等（2010）的研究中也有相关阐述。刘双庆等（2015）通过培养清洁后手部的细菌，发现培养结果中并未检出致病菌，证明了洗手确实能达到消毒的效果。以上研究都证明在传染病防控中，洗手是简洁、有效且重要的自我防护行为。

"勤洗手"可以减少手部 90% 以上的细菌量（邢红霞等，2002），手部卫生受到世界卫生组织（WHO）的高度重视，WHO 建议公众使用含酒精成分的免洗洗手液或肥皂和清水定期彻底清洁双手，良好的手部卫生能够在一定程度上阻断病毒的传播。餐前、便后洗手是严防"病从口入"的重要措施，作为最基本的、最简便易行的预防和控制病原体传播的手段之一（Mariwah et al.，2012；Yardley et al.，2011），根据 WHO 的定义，正确洗手需要同时满足 4 个标准：①吃东西前、上厕所后、干完活 / 下班后、接触钱币后、去医院 / 接触病人后 5 种情形下每次都洗手；②洗手时使用流动水冲洗；③洗手时使用肥皂、香皂、洗手液等清洁用品；④洗手时长不少于 20 s。

国家卫生健康委员会于 2020 年 3 月 7 日发布的《新型冠状病毒肺炎防控方案（第六版）》指出，流行性呼吸系统疾病的主要传播途径为经呼吸道飞沫和接触传播，且人群普遍易感，提出预防为主的工作原则和群众做好自我防护的指示。武汉市疾病预防控制中心编写的《新型冠状病毒肺炎预防手册》和北京科技大学针对不同人群编写的《新型冠状病毒肺炎暴露风险防范手册》等防护手册均将洗手作为降低病毒暴露风险的重要防护措施和流行性呼吸系统疾病防控的重要手段。而皮肤作为人体重要的器官之一，是隔离人体内环境与外环境的第一屏障，探究人群洗手行为模式对于开展经皮肤途径的环境污染物暴露人体健康风险评估具有重要的作用。本章节主要开展 2020 年初流行性呼吸系统疾病传播期间中国人群洗手行为模式和洗手时间的分析总结。鉴于活动类型、居住地环境等是影响人群洗手行为的因素，而勤洗手等健康防护意识可能受教育程度的影响，本研究结合 WHO 定义的正确洗手标准，分析的洗手行为模式包括不同暴露情景下的洗手行为（传递物品前后，咳嗽或打喷嚏后，制备食物之前、期间和之后，吃饭前，上厕所后，手脏时，接触他人后，接触过动物之后和外出回来后）；考虑的教育程度包括小学及以下、初中、高中（普高、职高、中专）、本科或专科、研究生（硕士、博士）；考虑到流行性呼吸系统疾病期间除必要外出或活动外，居民以居家活动为主，故将调查人群在此期间的工作类型属性分为隔离区工作人员、医护人员、与人群广泛接触人员、企业在岗人员、居家人群和其他（包含部分公务员、自由职业者等）6 类人群。

6.1 2020 年初流行性呼吸系统疾病传播期间中国人群洗手时间和洗手行为

6.1.1 人群洗手时间

正确的洗手行为可减少手部细菌量尤其是致病菌数量，从而降低通过手传播疾病的可能性（尚少梅等，2001）。国家卫生健康委员会发布的《全国爱卫办关于开展2013年“全球洗手日”和“世界厕所日”宣传活动的通知》（全爱卫办函〔2013〕21号）中指出，用肥皂持续搓揉20 s可以达到一个较好的杀菌消毒效果。WHO定义的正确洗手行为也包括洗手时长应该不少于20 s。本研究发现，2020年初流行性呼吸系统疾病传播期间我国有38.9%的居民洗手时长为10～20 s，19.4%的居民洗手时长短于10 s，洗手时长达到WHO规定要求（不少于20 s）的居民仅占41.7%。总体上，洗手时长为10～20 s的人群占比（38.9%）最高，其次为洗手时长21～30 s的人群（22.7%），洗手时长在1 min以上的人群占2.8%，说明群众对于如何科学把控洗手时间的意识尚需进一步加强。

2020年初流行性呼吸系统疾病传播期间中国人群单次洗手时间见表6-1。不同性别人群的洗手时长的合格率差异不显著，但从年龄来看，60岁及以上人群的洗手时长合格率（大于20 s）最高（47.1%），且高于平均水平（41.7%）；而45～59岁人群洗手时长的合格率（34.3%）最低，且显著低于平均水平（$P < 0.05$），这可能是由于60岁及以上人群因年龄原因，具有在日常生活中更加注意卫生安全的习惯。从不同片区来看，华北地区有40.9%的居民洗手时长为10～20 s，西南地区居民洗手时长为10～20 s的比例（34.8%）最低，而西南地区居民洗手时长小于10 s的比例（23.0%）最高，西北地区居民洗手时长在0～9 s的占比（16.9%）最低，不同洗手时长在各区域间表现出显著性差异（$P < 0.001$）。从不同文化水平看，小学及以下教育程度的人群洗手时长的合格率最低，为39.7%，但是其洗手时长大于30 s的人群比例（24.2%）最高。

结果发现，医护人员和疫区、隔离区工作人员的洗手时间较长，洗手时长大于20 s的人群分别占48.1%和45.3%，均超过平均水平。分析原因，一方面可能与其职业素养有关，另一方面可能与疫区、隔离区工作人员和医护人员存在更高的病原体暴露风险有关。由于本研究未调查居民的洗手方式与步骤，因此尚不能分析人群的洗手方式和效果。总体上，2020年初流行性呼吸系统疾病传播期间中国人群洗手时长为 21.5 s，满足 WHO 关于正确洗手（洗手时长不少于 20 s）的标准。2020 年初流行性呼吸系统疾病传播期间中国人群分区域、城乡、性别、年龄的单次洗手时间具体分布情况见附表 6-1 至附表 6-3。

表6-1　2020年初中国不同洗手时长的人群比例

因素	分类	不同洗手时长的人群比例（%）									
		0～9 s	10～20 s	21～30 s	31～40 s	41～50 s	51～60 s	61～70 s	71～80 s	81～90 s	＞20 s
总体		19.4	38.9	22.7	8.7	2.6	4.8	1.4	0.4	1.0	41.7
性别	男	18.6	39.8	22.1	8.8	2.6	4.8	1.4	0.5	1.4	41.6
	女	20.0	38.3	23.2	8.7	2.6	4.9	1.4	0.3	0.7	41.8
城乡*	城市	18.7	39.2	23.4	8.9	2.4	4.8	1.3	0.4	1.0	42.0
	农村	21.4	38.9	20.2	7.6	2.9	5.3	1.8	0.6	1.4	39.7
年龄*	＜18 岁	19.0	35.6	19.0	8.0	4.3	8.6	2.5	0.0	3.1	45.4
	18～29 岁	19.0	36.9	22.9	10.0	2.8	5.3	1.6	0.5	1.1	44.0
	30～44 岁	18.6	43.0	23.6	6.8	1.9	3.9	0.9	0.2	1.0	38.3
	45～59 岁	23.0	42.6	19.9	6.3	2.2	3.8	1.2	0.5	0.5	34.3
	≥60 岁	20.0	32.9	25.9	7.1	7.1	3.5	2.4	0.0	1.2	47.1
片区**	华北	17.5	40.9	23.1	8.4	2.5	4.8	1.5	0.3	1.0	38.4
	华东	20.1	40.1	22.8	7.6	2.2	4.5	1.2	0.4	1.1	37.6
	华南	21.0	37.6	23.2	7.5	2.3	4.9	1.5	0.4	1.5	41.9
	西北	16.9	40.7	21.3	10.0	2.4	5.4	1.3	0.6	1.4	42.4
	东北	19.1	38.3	24.9	9.2	3.0	3.9	0.6	0.6	0.4	42.6
	西南	23.0	34.8	20.6	9.3	2.9	5.7	2.3	0.4	1.0	42.2

续表

因素	分类	不同洗手时长的人群比例（%）									
		0～9 s	10～20 s	21～30 s	31～40 s	41～50 s	51～60 s	61～70 s	71～80 s	81～90 s	>20 s
文化程度*	小学及以下	24.1	36.2	15.5	6.9	3.4	8.6	0.0	0.0	5.2	39.7
	初中	18.8	41.9	22.2	7.5	2.5	4.4	0.6	0.6	1.6	39.4
	高中（普高、职高、中专）	20.6	41.1	20.7	6.0	2.6	5.7	1.6	0.4	1.4	38.3
	本科或专科	19.2	37.9	22.8	9.5	2.7	4.9	1.6	0.5	0.9	42.9
	研究生（硕士、博士）	19.4	40.4	23.7	8.2	2.2	4.1	1.1	0.1	0.8	40.2
工作类型所属人群	疫区、隔离区工作人员	11.3	43.4	22.6	11.3	0.0	5.7	1.9	0.0	3.8	45.3
	医护人员	13.7	38.2	23.7	9.2	0.8	10.7	3.1	0.0	0.8	48.1
	与人群广泛接触人员	18.3	41.3	18.3	8.5	2.8	5.6	1.9	1.4	1.9	40.4
	企业在岗人员	19.4	41.0	23.9	8.2	1.8	3.2	1.3	0.4	0.9	39.6
	居家人群	19.7	38.6	22.6	8.8	2.7	5.0	1.3	0.4	1.0	41.7
	其他	18.5	38.7	22.9	9.2	3.7	3.7	1.7	0.2	1.2	42.9

注：*为$P<0.05$，**为P<0.01。

流行性呼吸系统疾病传播期间，居民的洗手行为一方面取决于居民自身的防护意识（表 6-1），另一方面可能受生活环境周边的流行性呼吸系统疾病传播特征的影响。为研究居民洗手行为模式受流行性疾病的影响，本研究将人群居住的小区或村庄生活环境分为存在流行性呼吸系统疾病疑似病例、存在确诊病例、无流行性呼吸系统疾病疑似病例和无确诊病例这 4 种类型，分析人群在 4 类情景下的洗手行为模式特征，如下图 6-1 所示。居住地是否存在流行性呼吸系统疾病疑似病例和确诊病例对居民的洗手时长存在一定影响，尤其是存在确诊病例的环境对居民的洗手时长具有显著影响（$P < 0.05$）。居住地存在疑似和确诊病例的居民洗手时长合格率（不少于 20 s）反而低于居住地无疑似、确诊病例的居民。

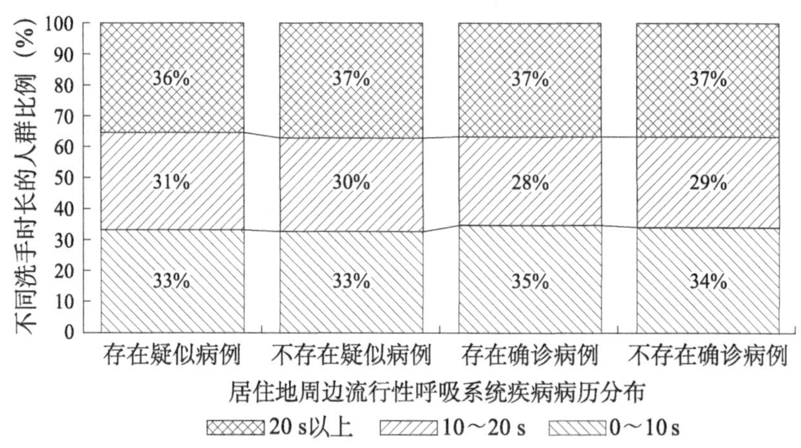

图6-1 居住地存在或不存在流行性呼吸系统疾病疑似、确诊病例下居民洗手时长分布

6.1.2 人群洗手行为

勤洗手是严防“病从口入”的重要措施，是最基本的、最简便易行的预防和控制病原体传播的手段之一（邢红霞等，2002；Yardley et al.，2011）。根据 WHO 的定义，正确洗手需要同时满足 4 个标准：①吃东西前、上厕所后、干完活 / 下班后、接触钱币后、去医院 / 接触病人后 5 种情形下每次都洗手；②洗手时使用流动水冲洗；③洗手时使

用肥皂、香皂、洗手液等清洁用品；④洗手时长不少于 20 s。基于此，该部分主要考察 2020 年初流行性疾病传播期间传递物品（快递、外卖）前后，制备食物之前、期间和之后，咳嗽或打喷嚏后，吃饭前，上厕所后，手脏时，接触他人后，接触过动物之后和外出回来后，这 9 种主要暴露情景下居民的洗手行为，具体见表 6-2。

总体上，98.2% 和 98.3% 的人群分别在上厕所后和手脏时会洗手；吃饭前，制备食品之前、期间和之后，以及外出回来后 3 个情景下，人群具有洗手行为的比例在 90% 以上；传递物品（快递、外卖）前后和接触他人后，人群具有洗手行为的也在 80% 以上；然而，在咳嗽或打喷嚏后会洗手的比例排在最后，只有 73.6%。流行性呼吸系统疾病的主要传播途径为经呼吸道飞沫和接触传播，但在相对封闭的环境中长时间暴露于高浓度气溶胶情况下存在经气溶胶传播的可能。可见，咳嗽或打喷嚏之后的洗手行为尤为重要，人群在咳嗽或打喷嚏之后的洗手行为比例较低，一方面可能是对于病毒传播的途径和个人防护行为没有得到充分理解与重视；另一方面也可能与居民认为“咳嗽和打喷嚏时，用纸巾或屈肘遮住口鼻”这一防护措施下可减少手部的病原体有关。城市居民在传递物品（快递、外卖）前后、接触他人后、外出回来后这 3 种情景下具有洗手行为的人群占比（分别为 87.9%、85.7%、94.6%）显著高于农村地区居民（分别为 76.2%、79.5%、87.6%）（$P < 0.05$），表明 2020 年初流行性呼吸系统疾病传播期间城市地区居民在洗手这一防护措施上比农村地区居民执行得更好。从不同性别来看，除咳嗽或打喷嚏后以及吃饭前这两种暴露情景之外，其余 7 种情景下女性的洗手比例显著高于男性（$P < 0.05$），表明 2020 年初流行性疾病传播期间女性的洗手防护行为较男性好。2020 年初流行性呼吸系统疾病传播期间中国人群分区域、城乡、性别、年龄的人群洗手行为具体分布情况见附表 6-4 至附表 6-6。

舒波等（2009）对广州市城区居民洗手行为的调查同样也发现女性的洗手比例高于男性，可能与女性比男性更讲究个人卫生有关。从不同年龄来看，人群对于不同情景下洗手行为的重视程度总体上呈现一个相对青年化的趋势，30 ～ 44 岁人群在传递物品（快递、外卖）前后，制备食物之前、期间和之后、手脏时、接触他人后、外出回来后等 5 种情

表6-2　2020年初中国人群洗手行为分布比例

因素	分类	样本量	洗手行为分布（%）								
			传递物品（快递、外卖）前后	制备食品之前、期间和之后	咳嗽或打喷嚏后	吃饭前	上厕所后	手脏时	接触他人后	接触过动物之后	外出回来后
总体		7 784	84.9	93.1	73.6	94.7	98.2	98.3	83.9	79.6	92.8
城乡	城市	5 890	87.9*	93.5	73.9	94.7	98.2	98.5	85.7*	79.3	94.6*
	农村	1 894	76.2*	92.1	74.8	95.1	97.9	97.6	79.5*	81.7	87.6*
性别	男	3 364	82.4*	91.0*	73.0	94.2	97.8*	97.9*	82.7*	79.5*	91.4*
	女	4 420	86.9*	94.8*	74.2	95.2	98.5*	98.7*	84.9*	79.7*	94.0*
年龄*	<18 岁	183	81.6	87.7	77.9	92.0	99.4	98.2	81.0	85.3	84.7
	18～29 岁	4 626	82.1	91.7	72.7	93.7	97.8	98.4	80.8	79.9	90.5
	30～44 岁	1 920	90.9	96.2	74.4	96.7	99.3	98.7	90.3	79.4	97.7
	45～59 岁	952	88.7	96.1	77.5	97.1	98.5	98.2	89	78.4	97.3
	≥60 岁	103	75.3	89.4	67.1	90.6	94.1	92.9	78.8	74.1	89.4
所属人群*	隔离区工作人员	56	83.0	92.5	83.0	92.5	96.2	92.5	88.7	77.4	88.7
	医护人员	139	92.4	98.5	78.6	96.2	99.2	98.5	94.7	88.5	99.2
	与人群广泛接触人员	232	85.4	92.0	80.8	94.4	95.3	96.2	84.5	82.6	93.0
	企业在岗人员	874	90.2	95.8	77.2	96.4	99.1	98.6	89.3	81.5	98.1
	居家人群	6 053	83.6	92.6	72.5	94.4	98.3	98.6	82.7	79.0	92.0
	其他	430	85.5	94.3	77.6	96	96.8	96.8	87	81.8	93.8

续表

因素	分类	样本量	洗手行为分布（%）								
			传递物品（快递、外卖）前后	制备食品之前、期间和之后	咳嗽或打喷嚏后	吃饭前	上厕所后	手脏时	接触他人后	接触过动物之后	外出回来后
片区*	华北	1 927	87.5	94.0	73.6	95.7	98.2	98.2	84.7	79.1	93.9
	华东	1 685	86.4	91.9	71.5	94.2	98.6	98.9	84.6	80.6	92.6
	华南	1 126	83.6	92.5	75.1	94.8	98.7	98.8	82.9	79.5	92.8
	西北	1 255	86.1	95.2	80.9	96.0	98.1	98.0	89.6	83.9	95.1
	东北	726	87.2	92.6	70.4	93.3	97.1	97.2	85.0	74.8	94.1
	西南	1 065	77.2	92.5	72.9	93.8	97.7	98.0	77.4	79.7	88.5
文化程度*	小学及以下	76	82.8	84.5	89.7	91.4	96.6	94.8	89.7	79.3	94.8
	初中	415	81.3	93.1	78.1	96.9	98.1	96.6	87.8	83.4	94.4
	高中（普高、职高、中专）	912	86.3	93.5	79.7	96.5	98.4	98.4	86.9	83.8	92.6
	本科或专科	4 740	83.2	92.4	73.2	94.1	97.8	98.2	82.1	79.9	91.9
	研究生（硕士、博士）	1 641	89.8	95.5	70.6	95.5	99.3	99.2	86.7	76.2	95.4

注：* 为 $P < 0.05$；如在性别和城乡分层中，* 代表在对应情景下性别、城乡上的差异 $P < 0.05$。

景下，洗手行为比例（分别为 90.9%、96.2%、98.7%、90.3%、97.7%）较高；咳嗽或打喷嚏后（77.9%）、上厕所后（99.4%）、接触过动物之后（85.3%）这 3 种情景下洗手行为比例较高的为 18 岁以下人群；吃饭前有洗手行为的以 45 ～ 59 岁（97.1%）人群居多。不难看出，在 9 种情景下，60 岁及以上人群的洗手行为比例相对较低。此外，在咳嗽或打喷嚏后、接触他人后和接触动物后这 3 种情景下，没有洗手行为的均以 60 岁及以上人群最多（分别为 32.9%、21.2% 和 25.9%）。这种情况可能与 60 岁及以上人群缺少现代化手段获取正确有效的防护知识、缺少科学防控疾病的信息和意识有关。从不同人群工作所属类型上看，隔离区工作人员在咳嗽或打喷嚏后的洗手行为（83.0%）比其他人群都高，且经过检验，组间差异显著（$P < 0.001$）。在传递物品（快递、外卖）前后，制作食品之前、期间和之后，上厕所后，接触他人后，接触过动物之后，外出回来后 6 种情景下医护人员的洗手比例最高，分别为 92.4%、98.5%、99.2%、94.7%、88.5%、99.2%；企业在岗人员在吃饭前和手脏时两种情景下洗手比例最高，分别为 96.4% 和 98.6%。整体而言，医护人员在个人防护措施行为上做得更为完善。研究表明，医护人员手部卫生防护的不足可使其双手携带大量致病菌，并导致病菌在医护人员和患者之间的院内传播（曾莹等，2012）。但是，在手部卫生管理制度、卫生培训和手部卫生设施等因素影响下，医护人员的洗手比例可高达 94.3%（王真理等，2019）。因此，医护人员较高比例的洗手行为可能与医护人员的职业素养及其对病毒较高的防护意识有关。

从不同片区来看，西北地区居民在制作食品之前、期间和之后，咳嗽或打喷嚏后，吃饭前，接触他人后，接触过动物之后，外出回来后这 6 种情景下的洗手比例最高，分别为 95.2%、80.9%、96.0%、89.6%、83.9%、95.1%。东北地区居民在咳嗽或打喷嚏后、吃饭前、上厕所后、手脏时、接触过动物之后这 5 种情景下的洗手比例均为最低，分别为 70.4%、93.3%、97.1%、97.2%、74.8%；在传递物品（外卖、快递）前后、接触他人后和外出回来后这 3 种情景下，西南地区居民的洗手比例最低，分别为 77.2%、77.4%、88.5%。从文化程度来看，随着居民接受教育程度的提高，其洗手行为比例整体上呈上升趋势，比如手脏时，小学及以下、初中、高中（普高、职高、中专）、本科或专科、研究生（硕士、博士）5 种教育程度的人群洗手比例分别为 94.8%、96.6%、98.4%、98.2%、99.2%，且差异具有统计学意义（$P < 0.001$）。值得注意的是，小学及以下学历的人群在咳嗽或打喷嚏后具有洗手行为的比例（89.7%）最高，结合年龄分层并参考幼儿洗手行为干预效果调查研究结果分析，其原因可能为参与调查人员年龄偏小，可塑性强，对于反复强调性知识印象更为深刻，对于基础教育阶段防护知识印象更为深刻，所以在其他人群容易忽视的地方反而做得更好。

按居住地是否存在流行性呼吸系统疾病疑似和确诊病例，对人群的洗手行为进行分析，结果如图 6-2 所示。

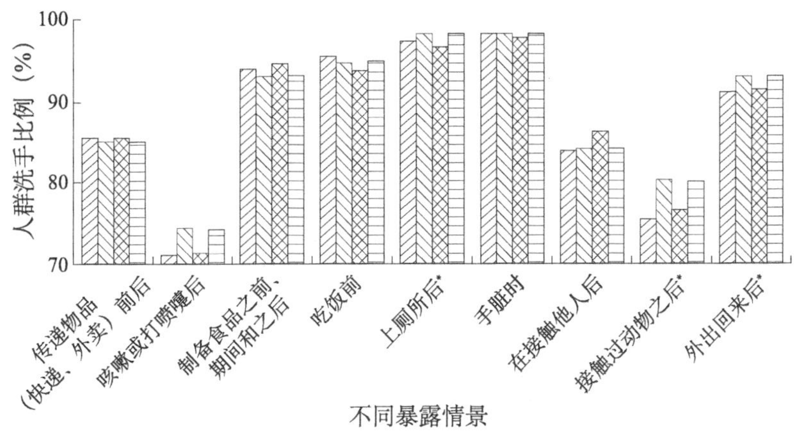

图6-2 居住地存在或不存在流行性呼吸系统疾病疑似和确诊病例下洗手行为模式

注：* 代表该情景下差异显著。

居住地是否存在流行性呼吸系统疾病的疑似病例和确诊病例对大多数暴露情景下居民的洗手行为影响不显著，经 Pearson x^2 检验，仅对于“上厕所后”“接触过动物之后”“外出回来后”这 3 种情景下洗手行为的影响是具有显著性的（$P < 0.05$）。在“存在流行性呼吸系统疾病疑似病例”和“存在流行性呼吸系统疾病确诊病例”的地区，人群在接触动物之后的洗手行为反而比“不存在流行性呼吸系统疾病疑似病例”和

"不存在流行性呼吸系统疾病确诊病例"的地区低；"是否存在流行性呼吸系统疾病疑似病例"和"是否存在流行性呼吸系统疾病确诊病例"均显著影响居民外出回来后的洗手行为。虽然数据分析表明，存在疑似或确诊病例的地区人群的洗手行为比例反而比不存在疑似或确认病例的地区低，但并不意味着存在疑似或者确认病例的地区人群的洗手防护行为差，究其原因可能是因为实际调查问卷中对于"居住地是否存在流行性呼吸系统疾病疑似或确诊病例的人群"在"外出回来后""接触过动物之后"情景下的适用性不同。"存在流行性呼吸系统疾病疑似病例"和"存在流行性呼吸系统疾病确诊病例"对应的不适用性分别为 6.2%、21.1%；"不存在流行性呼吸系统疾病疑似病例"和"不存在流行性呼吸系统疾病确诊病例"对应的不适用性分别为 3.9%、16.8%，也即居住地存在疑似、确诊病例的人群较少存在外出行为、与动物接触的行为，从而表现为在相应情景下洗手比例偏低。

6.2 不同流行性呼吸系统疾病传播等级地区人群洗手时间和洗手行为

6.2.1 人群洗手时间

2020 年初流行性呼吸系统疾病传播期间中国人群分不同流行性呼吸系统疾病传播等级下洗手时间见表 6-3。位于二级地区的人群单次洗手时间最长，平均为 21.8 s，而等级较高的四级地区和五级地区人群单次洗手时间较低，平均分别为 21.3 s 和 20.7 s，随着等级的提升，人群的平均单次洗手时间逐渐降低。如图 6-3 所示，等级较高地区（四级地区和五级地区）居民洗手时长的合格率最低，四级地区和五级地区的居民分别仅有 38.4% 和 37.2% 的人群洗手时长在 20 s 以上，显著低于平均水平（41.7%）；反而在等级最低的地区（一级地区），居民洗手时长的合格率最高，有 43.6% 的居民洗手时长在 20 s 以上，这说明满足洗手时间这一因素对于控制流行性呼吸系统疾病的发展有极大的促进作用。居民的洗手行为受多方面的影响，也可能与个人防护意识、地区自然因素等有关，其中的深层关系尚需进一步研究证实。

表6-3　2020年初不同流行性疾病传播等级地区人群单次洗手时间

流行性呼吸系统疾病传播等级	样本量	单次洗手时间（s）				
		P5	P25	P50	P75	P95
合计	7 784	17.0	19.0	21.5	24.0	26.1
一级	523	16.9	18.9	21.4	24.0	26.0
二级	2 561	17.3	19.3	21.8	24.3	26.4
三级	2 915	16.9	18.9	21.5	24.0	26.0
四级	1 395	16.8	18.8	21.3	23.8	25.9
五级	390	16.2	18.2	20.7	23.3	25.3

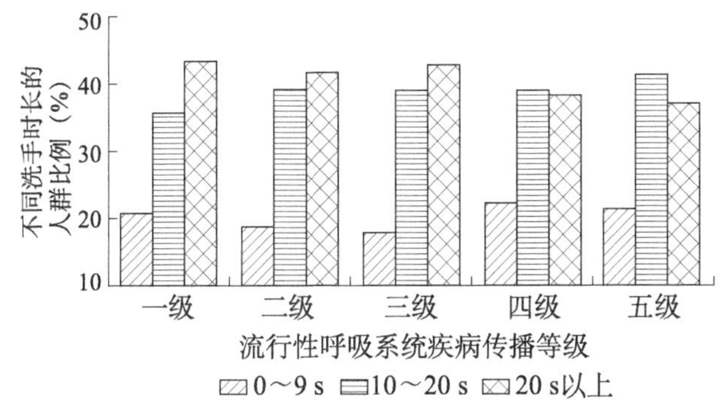

图6-3　不同流行性呼吸系统疾病传播等级地区居民的洗手时长

从不同流行性呼吸系统疾病传播等级地区人群洗手时长的合格率（不少于 20 s）来看，随着传播等级的提高，人群洗手时间合格率整体上呈下降趋势（对应比例依次为 43.6%、41.7%、43.0%、38.4 %、37.2%），流行性呼吸系统疾病传播等级越高的地区人群洗手时间合格率越低，一定程度反映着较好的洗手时间合格率抑制了病毒的传播，遏制了流行病的扩散，具体表现为该地区的流行病严重程度等级较低。

综合表 6-3 与图 6-4 可知，人群洗手时间合格情况一定程度上抑制了流行性呼吸系统疾病的传播，整体上洗手时间合格率越高的地区其流行性疾病传播等级越低，一定程度上反映着流行性呼吸系统疾病传播期间较好的洗手行为模式有助于快速控制流行病的发展，研究流行病期间人群洗手行为模式并针对性进行宣传以改善洗手行为非常有必要性。

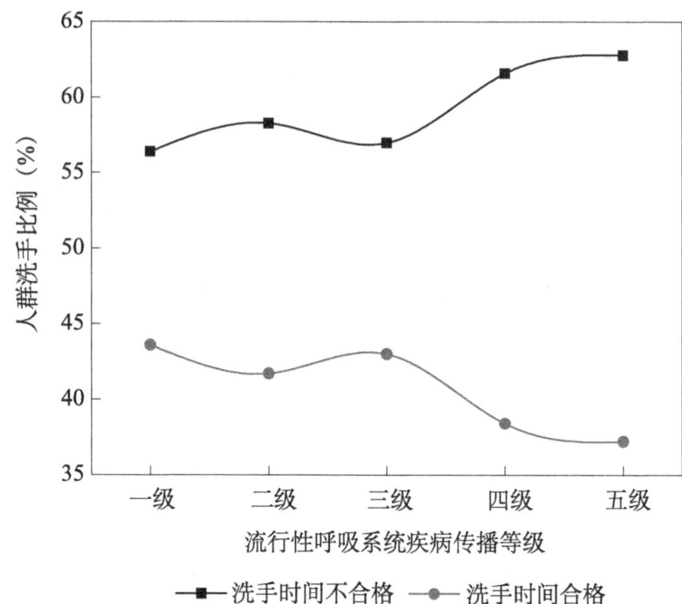

图6-4 流行性呼吸系统疾病不同等级地区人群洗手时间合格性

6.2.2 人群洗手行为

2020 年初流行性呼吸系统疾病传播期间不同流行性呼吸系统疾病传播等级下人群洗手行为分布见表 6-4。

等级最高的五级地区（湖北）人群在制备食品之前、期间和之后，吃饭前，上厕所后，手脏时 4 种暴露情景下，具有洗手行为的比例达到 90% 以上，但在其他几种情景下洗手的比例相对较低。三级地区人群在传递物品（快递、外卖）前后的洗手比例最高，为 87.2%；二级地区人群在制备食品之前、期间和之后以及吃饭前的洗手比例最高，分别为 94.1% 和 95.1%。等级较高的四级地区人群在上厕所后和手脏时的洗手比例最高，分别为 98.9% 和 98.7%；等级最低的一级地区人群在接触他人、接触过动物之后和外出回来后的洗手比例最高，分别为 89.9%、84.7% 和 93.9%。总体上，在接触他人、接触过动物之后和外出回来后这 3 种暴露情景下，流行性呼吸系统疾病传播等级较低地区具有洗手行为的人群比例更高。

表6-4 2020年初不同流行性呼吸系统疾病传播等级地区人群洗手行为分布

流行性疾病传播等级	样本量	洗手行为分布（%）							
		传递物品（快递、外卖）前后	在制备食品之前、期间和之后	吃饭前	上厕所后	手脏时	在接触他人后	接触过动物之后	外出回来后
合计	7 784	85.0	93.2	94.8	98.1	98.3	84.2	79.9	92.9
一级	523	86.4	92.9	94.6	96.6	96.9	89.9	84.7	93.9
二级	2 561	83.2	94.1	95.1	97.9	97.9	84.5	80.4	93.0
三级	2 915	87.2	93.0	95.0	98.3	98.6	84.2	79.3	93.6
四级	1 395	85.2	92.3	94.3	98.9	98.7	82.8	79.9	91.8
五级	390	77.4	91.0	93.3	97.7	98.2	80.5	75.6	89.5

给定情景下，不同流行性呼吸系统疾病传播等级地区人群洗手行为模式分析如图 6-5 所示。除去在制备食品之前、期间和之后，吃饭前两种情景外，其余 7 种情景的组间均具有显著性差异（$P < 0.05$），说明流行性疾病的传播程度对洗手行为具有一定影响。此外，随着流行性疾病传播等级的提高，给定暴露情景下居民的洗手行为反而越差。例如，对于等级最低的地区（一级地区），人群在外出回来后、接触过动物之后、接触他人后、咳嗽或打喷嚏后等高暴露风险情景下，具有洗手行为的人群比例均为最高，分别为 93.9%、84.7%、89.9%、92.9%，显著高于等级最高的地区（五级地区）。综合图 6-4 和图 6-5 可见，人群较好的洗手行为在一定程度上可能会遏制流行性呼吸系统疾病的传播和发展。

为分析流行性呼吸系统疾病传播期间的外出行为对人群洗手行为模式的影响，根据流行病传播期间人群的外出频次将调查人群分为有过外出行为和无外出行为两类，并分析其在各种情景下的洗手行为。从图 6-6 可以看出，整体上，流行性呼吸系统疾病传播期间有过外出行为的人群在各种暴露情景下其洗手比例均高于无外出的人群。除吃饭前、手脏时这两种一般情景外，经 Pearson x^2 检验，“是否外出”显著影响其余各种暴露情景下人群的洗手率（$P < 0.05$）。由此说明，居民认为

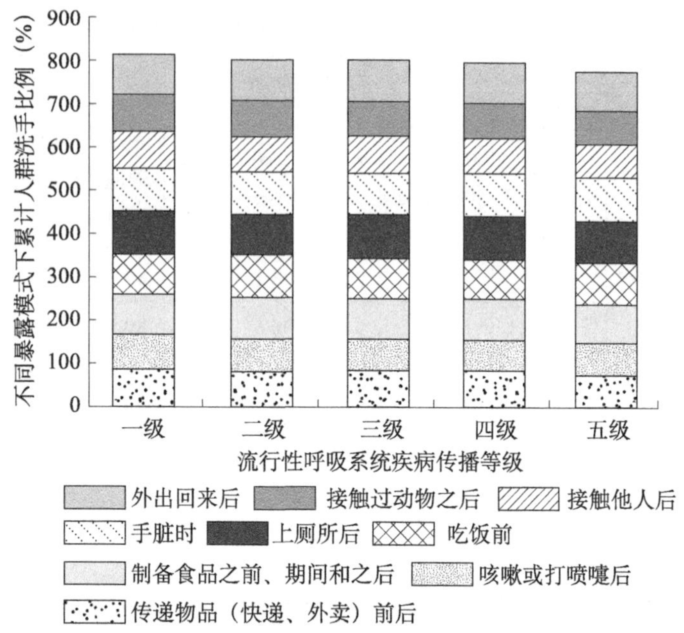

图6-5　不同流行性呼吸系统疾病传播等级地区的居民洗手行为模式

外出可能会增加流行性呼吸系统疾病传染的风险，故流行性呼吸系统疾病传播期间外出行为促进了人群洗手行为的发生。

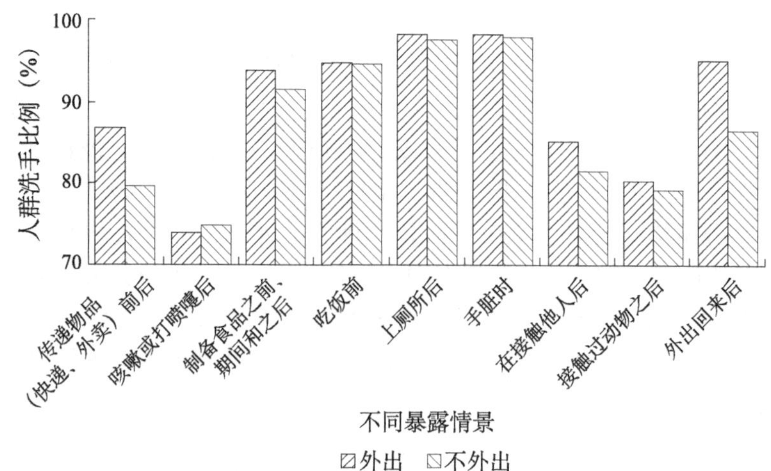

图6-6　流行性呼吸系统疾病传播期间有外出和无外出经历人群的洗手行为

6.3 2020 年初与“十二五”期间中国人群洗手行为模式对比

“十二五”期间我国尚无全国范围内有关成人洗手时间模式的调查研究，仅有相关的零散研究。孙延波等（2013）在辽宁省展开的洗手情况问卷调查显示，仅 24.2% 的人群洗手时长不少于 20 s；舒波等（2009）在广州市展开的居民洗手行为调查发现，洗手时长在 20 s 以上的居民仅占 1.2%。与“十二五”期间针对全国 18 岁以下人群展开的洗手时间模式相比（段小丽等，2016），2020 年初流行性呼吸系统疾病传播期间具有餐前洗手行为的人数比例整体提升，由 83.3% 增至 94.7%。在性别、城乡、片区等不同分层因素下，2020 年初流行性呼吸系统疾病传播期间人群餐前洗手的人数比例均有大幅提升，且具有统计学意义（$P < 0.05$）。由此可见，与“十二五”期间相比，无论是否存在疑似、确诊病例，流行性呼吸系统疾病的传播对人群的洗手行为均产生了较大影响，增加了人群的洗手时间。

6.4 本章总结

（1）2020 年初流行性呼吸系统疾病传播期间人群对一般暴露情景下的洗手行为执行较好，如厕后和手脏时洗手的比例较高，分别达 98.2% 和 98.3%；但对于流行性疾病传播防控更重要的“咳嗽或打喷嚏后”“接触他人后”暴露情景下的洗手行为却被忽略。

（2）2020 年初流行性呼吸系统疾病传播期间我国人群洗手时长合格率（洗手时长在 20 s 以上）为 41.7%，洗手时长合格率虽远高于其他非传染病传播期间，但是整体水平仍较低，洗手这一防护措施对流行性疾病的防控效果仍未得到充分发挥。

（3）2020 年初流行性呼吸系统疾病传播期间女性的洗手防护行为较男性落实得好；城市地区居民的洗手时长合格率高于农村地区居民；隔离区工作人员和医护人员洗手时长的合格率最高，超过平均水平；总体上，受年龄、职业、地区、受教育程度影响，人群对于流行性呼吸系统疾病传播期间洗手行为、洗手时长的认知或执行力不同，过半数人群采取的洗手防护行为缺乏科学的指导。

（4）居住地周围有无流行性呼吸系统疾病的疑似、确诊病例主要影响人群外出回来后的洗手行为，是否有确诊病例对于洗手时间的影响显著；流行性呼吸系统疾病传播等级的高低与洗手行为、洗手时长可能存在相互作用关系，洗手行为落实不好的地区流行性呼吸系统疾病传播等级较高，而且等级较高的地区（四级地区、五级地区）洗手时长合格率较低，洗手时间上不能保证起到良好的消毒效果；流行性呼吸系统疾病传播期间有过外出经历的人群，其洗手防护行为做得更好。

（5）与“十二五”期间相比，流行性呼吸系统疾病的传播对人群的洗手行为产生了较大影响，增加了人群的洗手时间。

参考文献

段小丽，赵秀阁，王贝贝，等，2016. 中国人群暴露参数手册（儿童卷）概要 [M]. 北京：中国环境出版社.

刘双庆，张源源，郑春雪，等，2015. 两种外科洗手方法消毒效果的临床研究 [J]. 成都医学院学报，10（3）：334-336.

尚少梅，郑修霞，王宜芝，等，2001. 医院感染与洗手 [J]. 中华医院感染学杂志，11（1）：78-80.

舒波，梁骏华，丰建国，等，2009. 广州市城区居民洗手行为调查 [J]. 华南预防医学，35（5）：57-59.

孙延波，李青，李慧，等，2013. 辽宁省部分地区居民洗手情况调查及影响因素分析 [J]. 中国健康教育（1）：87-88.

王真理，孙勤，2019. 行为干预对供应室护士手卫生状况的影响 [J]. 心理月刊，16（14）：70-71.

魏凌云，彭淑梅，吴婕翎，等，2010. 手足口病感染危险因素分析 [J]. 实用医学杂志，26（13）：2442-2444.

吴玉红，2013. 手足口病危险因素和不同洗手方法预防效果分析 [J]. 现代诊断与治疗，24（16）：3708-3710.

邢红霞，张红英，武建英，等，2002. 医务人员手卫生现状与管理 [J]. 中华医院感染学杂志，12（8）：639-640.

曾莹，王利芳，杨瑾，等，2012. 持续质量改进在提高手卫生依从性中的应用 [J]. 中国实用护理杂志，28（9）：66-67.

CAIRNCROSS S，2003. Editorial: handwashing with soap: a new way to prevent ARIs?[J]. Tropical Medicine & International Health，8(8): 677-679.

FUNG C H，CAIRNCROSS S，2006. Effectiveness of handwashing in preventing

SARS: a review[J]. Tropical Medicine & International Health, 11(11): 1749-1758.

MARIWAH S, HAMPSHIRE K, KASIM A, 2012. The impact of gender and physical environment on the handwashing behavior of university students in Ghana[J]. Tropical Medicine & International Health, 17(4): 447-454.

PENGPID S, PELTZERK, 2012. Hygiene behavior and health attitudes in African countries[J]. Current Opinion in Psychiatry, 25(2): 149-154.

STEPHEN P L, JENNIFERD, REBEKAHRB, et al., 2020. Broad approaches to cholera control in Asia: water, sanitation and handwashing[J]. Vaccine, 38(S1) : 110-117.

YARDLEY L, MILLERS, SCHLOTZ W, et al., 2011. Evaluation of a Web-based intervention to promote hand hygiene: exploratory randomized controlled trial [J]. Journal of Medical Internet Research, 13 (4) : e107.

7 佩戴口罩行为

研究表明，2020 年初流行性呼吸系统疾病的病毒以飞沫传播和接触传播为主（倪晓平等，2020）。国家卫生健康委员会发布的《新型冠状病毒肺炎诊疗方案（试行第七版）》指出，在相对封闭的环境中长时间暴露于高浓度气溶胶情况下，存在气溶胶传播的可能。Siegel 等（2007）发现在短距离阻隔飞沫传播方面，物理阻隔是非常有效的方式，而对于防止较小的空气飞沫微粒则需要更加复杂的预防措施。王睿等（2012）指出，口罩作为物理阻隔方式之一，其作用是阻断病原体经飞沫传播，既能避免病原体从病毒携带者扩散到患者，同时口罩也能减少人体吸入病原体而致病的危险，具有双向隔离保护作用。研究表明，感染疾病的人佩戴口罩可保护其他人，同时减少传染性疾病的传播。Davies 等（2013）研究表明，口罩可通过减少气溶胶传播来防止流感或其他飞沫传播的传染病暴发时对工作环境的污染，还可降低佩戴者口鼻接触体液（包括血液、分泌物和排泄物）的风险。Macintyre 等（2009）研究表明，流感大流行期间，使用口罩的人数增多，显著减少了家庭中流感的传播。目前，许多国家已将佩戴口罩视为防控经呼吸道传播的流行性疾病的重要措施（EUA Department of Health and Human Services，2005；France General Secretariat for National Defence，2007）。而人群使用口罩属于环境空气暴露的一种自我防护，一定程度上可减少空气污染物经呼吸途径进入机体的暴露量。因此在呼吸系统流行性疾病防控中，佩戴口罩成为公众重要的防控手段之一，是有效的自我防护行为。

《公众科学戴口罩指引》（国务院应对新型冠状病毒肺炎疫情联防联控机制，2020）中指出：在中、低风险地区，应佩戴一次性使用医用口罩或医用外科口罩；在高风险地区，应佩戴医用外科口罩或符合 KN95/N95 及以上级别的防护口罩。正确选择和科学使用呼吸防护用品已成为人们有效保护自身安全、降低传染率的关键环节之一。严重急性呼吸综合征（SARS）流行期间，医疗机构将戴口罩作为医院内预防呼吸性传染病的措施（姚红，2004）；北京居民采取了出门戴口罩，以及减少不必要外出等措施进行预防（钱铭怡等，2003）；国外很多机构对口罩的防护也做了类似研究（Blachere et al.，2018；Cristina et al，2015；Marianne et al.，2008；Smith et al.，2016）。目前，口罩的类型主要包括医用防护口罩、颗粒物防护口罩、医用外科口罩、一次性使用医用口罩和普通口罩等，由于其材质及制作标准的差异，不同标准的口罩可应用于不同的暴露场景。目前，我国政府推出了一系列政策来引导公众科学佩戴口罩，而流行性呼吸系统疾病传播期间人群佩戴口罩的行为模式以及该流行性疾病对人群佩戴口罩行为的影响尚不清楚，还需进一步研究。基于此，作为2020年初中国人群环境暴露行为模式研究的一部分，通过覆盖全国的人群调查数据，探讨和分析流行性呼吸系统疾病传播期间不同人群佩戴口罩的行为模式，以期为流行性呼吸系统疾病的精准防控提供基础信息，为未来类似重大公共卫生事件的科学研判和精准施策提供科学依据，并对流行性呼吸系统疾病传播期间人群空气暴露的健康风险评估及风险防护提供依据。

本研究中佩戴口罩行为（Mask Wearing Behavior），指人外出佩戴口罩的行为，包括佩戴口罩的人群比例、佩戴口罩类型和口罩更换频率。佩戴口罩行为与性别、年龄、学历等因素有关，并受季节、气候、地域等地理气象学条件影响，可能还与流行性呼吸系统疾病的传播程度有关。2020年初中国人群环境暴露行为模式研究有效样本量为8 330人，其中存在外出行为的人群5 967人。本章2020年初中国人群佩戴口罩的行为主要指具有外出行为的人群佩戴口罩行为，包括具有出行行为人群的口罩佩戴率、佩戴口罩类型和口罩更换频率。

7.1 2020年初人群外出佩戴口罩行为的分布

7.1.1 2020年初人群外出佩戴口罩的类型

2020年初具有出行行为的人群佩戴口罩的比例为99.3%。其中，以人群外出选择佩戴一次性使用医用口罩（62.1%）为主，医用外科口罩（43.2%）次之，普通口罩（9.7%）最低。不同类型口罩的佩戴比例依次为62.1%（一次性使用医用口罩）＞43.2%（医用外科口罩）＞

22.6%（颗粒物防护口罩）＞ 11.2%（医用防护口罩）＞ 9.7%（普通口罩）。从性别上看，女性出行时佩戴口罩的比例为 99.4%，高于男性（99.2%），男性（62.2%）和女性（62.1%）外出均以佩戴一次性使用医用口罩为主。从年龄上看，年龄小于 18 岁的人群佩戴口罩的比例最高（100%），小于 18 岁人群选择佩戴医用防护口罩（20.2%）、医用外科口罩（44.4%）和普通口罩（15.2%）的比例在不同的人群分组中皆最高，18 ～ 29 岁人群选择佩戴一次性使用医用口罩（63.2%）比例最高，30 ～ 44 岁人群选择佩戴颗粒物防护口罩（27.1%）比例最高，随着年龄的增加佩戴口罩的比例有降低的趋势，其中年龄为 60 岁及以上的人群不戴口罩的比例（3.8%）最高。从城乡上看，城市居民出行时佩戴口罩的比例（99.6%）高于农村居民（98.3%），且城市人群外出佩戴医用防护口罩（11.5%）和颗粒物防护口罩（25.0%）两种防护等级较高的口罩的比例高于农村人群外出佩戴医用防护口罩（10.0%）和颗粒物防护口罩（14.1%）的比例。从片区上看，西南地区人群外出选择不戴口罩的比例最高（1.8%），西北地区人群选择佩戴医用防护口罩（15.3%）、医用外科口罩（48.8%）和普通口罩（11.3%）的比例皆最高，华北地区人群外出选择佩戴颗粒物防护口罩的比例最高（29.5%），华南地区人群外出选择佩戴一次性使用医用口罩的比例最高（67.9%），总的来说我国北方人群比南方人群外出佩戴口罩的比例更高。随着教育程度的提升，人群出行佩戴口罩的比例也有所提高，小学及以下教育程度的人群口罩佩戴率最低（96.2%），研究生（硕士、博士）群体外出佩戴口罩的比例最高（99.8%）。除居家人群及其他人群外，流行性呼吸系统疾病传播期间其他所属人群佩戴口罩的比例均为 100.0%。综上，流行性呼吸系统疾病传播期间，中国人群出行时佩戴口罩的比例整体较高。

从不同类型口罩的使用率来看，居民外出选择佩戴一次性使用医用口罩的比例最高，为 62.1%。从流行性呼吸系统疾病传播期间人群所在城乡、性别、年龄和文化程度的分层来看，人群佩戴一次性使用医用口罩的比例最高，均在 45.0% 以上。从流行性呼吸系统疾病传播期间所属人群来看，医务人员和与人群广泛接触人员佩戴医用外科口罩的比例最高，分别为 66.7% 和 49.8%；其余属性人群更多佩戴一次性使用医用口罩。此外，佩戴医用防护口罩的比例在医务人员中最高（24.3%），与人群广泛接触人员（13.9%）次之，这可能与其较高的防护意识和高暴露风险下的防护需求有关。2020 年初中国人群佩戴口罩类型见表 7-1，2020 年初中国人群分区域、城乡、性别、年龄的各类型口罩的人群佩戴比例见附表 7-1 至附表 7-3。

表7-1　2020年初中国人群佩戴口罩类型

类别		样本量	佩戴口罩类型（%）					
			不戴口罩	使用医用防护口罩	使用颗粒物防护口罩	使用医用外科口罩	使用一次性使用医用口罩	使用普通口罩
合计		5 967	0.7	11.2	22.6	43.2	62.1	9.7
性别	男	2 687	0.8	13.0	24.4	39.8	62.2	8.5
	女	3 280	0.6	9.7	21.0	46.0	62.1	10.6
年龄	＜18 岁	99	0.0	20.2	25.3	44.4	56.6	15.2
	18～29 岁	3 315	1.1	10.6	19.7	43.5	63.2	10.6
	30～44 岁	1 641	0.1	10.6	27.1	42.8	62.6	8.4
	45～59 岁	832	0.1	12.9	24.6	43.0	58.9	8.1
	≥60 岁	80	3.8	18.8	22.5	37.5	47.5	8.8
城乡	城市	4 640	0.4	11.5	25.0	43.6	61.6	8.9
	农村	1 327	1.7	10.0	14.1	41.9	63.9	12.4
片区	华北	1 438	0.4	11.1	29.5	37.6	58.4	9.7
	华东	1 378	0.5	10.6	21.2	44.2	65.3	10.3
	华南	844	0.9	9.6	12.1	43.2	67.9	7.9
	西北	936	0.3	15.3	26.1	48.8	56.1	11.3
	东北	584	0.5	9.2	26.5	44.7	62.3	7.7
	西南	787	1.8	10.5	16.4	43.8	64.0	9.8
文化程度	小学及以下	53	3.8	18.9	37.7	34.0	49.1	5.7
	初中	327	0.9	14.7	24.8	40.1	59.6	11.9
	高中（普高、职高、中专）	647	0.5	12.2	22.4	45.1	55.5	10.8

续表

<table>
<tr><th colspan="2" rowspan="2">类别</th><th rowspan="2">样本量</th><th colspan="6">佩戴口罩类型（%）</th></tr>
<tr><th>不戴口罩</th><th>使用医用防护口罩</th><th>使用颗粒物防护口罩</th><th>使用医用外科口罩</th><th>使用一次性使用医用口罩</th><th>使用普通口罩</th></tr>
<tr><td rowspan="2">文化程度</td><td>本科或专科</td><td>3 632</td><td>0.9</td><td>11.5</td><td>21.3</td><td>44.2</td><td>63.4</td><td>9.8</td></tr>
<tr><td>研究生（硕士、博士）</td><td>1 308</td><td>0.2</td><td>8.6</td><td>25.1</td><td>40.5</td><td>62.8</td><td>8.3</td></tr>
<tr><td rowspan="5">工作类型所属人群</td><td>医护人员</td><td>177</td><td>0.0</td><td>24.3</td><td>19.8</td><td>66.7</td><td>53.7</td><td>7.3</td></tr>
<tr><td>与人群广泛接触人员</td><td>201</td><td>0.0</td><td>13.9</td><td>16.9</td><td>49.8</td><td>64.2</td><td>7.0</td></tr>
<tr><td>企业在岗人员</td><td>810</td><td>0.0</td><td>10.2</td><td>31.4</td><td>40.7</td><td>65.7</td><td>7.2</td></tr>
<tr><td>居家人群</td><td>4 435</td><td>0.9</td><td>10.6</td><td>21.4</td><td>42.1</td><td>61.7</td><td>10.5</td></tr>
<tr><td>其他</td><td>344</td><td>0.9</td><td>12.5</td><td>21.2</td><td>47.4</td><td>61.9</td><td>8.1</td></tr>
</table>

为考察流行性呼吸系统疾病传播期间居民进入人群密集场所时的口罩佩戴行为，以超市等购物场所为例展开分析。由表 7-2 可见，进入购物场所时 98.4% 的人能做到全程佩戴口罩，口罩全程佩戴率较低的群体集中在 30 ～ 44 岁的成人和学历为小学及以下的人群，佩戴口罩的比例随年龄的增长呈现先下降再上升的趋势，而随学历的降低呈现总体下降的趋势。其原因可能是年轻人和学历较高的人群接触卫生服务保健和健康教育的机会更多、防护意识更强（章文强等，2019）。因此，建议在未来的流行性疾病防控中应充分发挥大众媒体和新媒体在健康教育宣传中的作用，加强对社会公众的科普教育，也要加大购物等公共场所的监管惩戒力度，以防控流行性呼吸系统疾病的传播。

表7-2　2020年初中国人群进入购物场所佩戴口罩情况

<table>
<tr><th rowspan="2">因素</th><th rowspan="2">分类</th><th rowspan="2">样本量</th><th colspan="2">佩戴比例（%）</th></tr>
<tr><th>全程佩戴口罩</th><th>未全程佩戴口罩</th></tr>
<tr><td>性别</td><td>男</td><td>2 687</td><td>98.4</td><td>1.6</td></tr>
</table>

续表

因素	分类	样本量	佩戴比例（%）	
			全程佩戴口罩	未全程佩戴口罩
性别	女	3 280	99.2	0.8
年龄	<18 岁	99	98.7	1.3
	18～29 岁	3 315	98.5	1.5
	30～44 岁	1 641	95.9	4.1
	45～59 岁	832	99.3	0.7
	≥60 岁	80	99.4	0.6
文化程度	小学及以下	53	97.8	2.2
	初中	327	99.3	0.7
	高中（普高、职高、中专）	647	98.8	1.2
	本科或专科	3 632	98.8	1.2
	研究生（硕士、博士）	1 308	98.9	1.1
工作类型所属人群	医务人员	177	99.4	0.6
	与人群密切接触的人员	201	99.5	0.5
	企业在岗人员	810	99.6	0.4
	居家人群	4 435	98.6	1.4
	其他人群	344	98.3	1.7

7.1.2　2020 年初不同风险人群外出佩戴口罩的行为模式

基于此次全国大范围的人群口罩佩戴行为调查发现，流行性呼吸系统疾病传播期间人群佩戴口罩的模式较多，包括以下 31 种（表 7-3）。依据口罩的制作工艺，从医用防护口罩、颗粒物防护口罩、医用外科口罩、一次性使用医用口罩到普通口罩，其对飞沫等介质中病毒的防护性能呈逐渐下降的趋势。

表7-3　流行性呼吸系统疾病传播期间人群口罩佩戴模式

口罩佩戴模式	医用防护口罩	颗粒物防护口罩	医用外科口罩	一次性使用医用口罩	普通口罩	口罩佩戴模式	医用防护口罩	颗粒物防护口罩	医用外科口罩	一次性使用医用口罩	普通口罩
模式1	+					模式17	+	+		+	
模式2		+				模式18	+	+			+
模式3			+			模式19	+		+	+	
模式4				+		模式20	+		+		+
模式5					+	模式21	+			+	+
模式6	+	+				模式22		+	+	+	
模式7	+		+			模式23		+	+		+
模式8	+			+		模式24		+		+	+
模式9	+				+	模式25			+	+	+
模式10		+	+			模式26	+	+	+	+	
模式11		+		+		模式27	+	+	+		+
模式12		+			+	模式28	+	+		+	+
模式13			+	+		模式29	+		+	+	+
模式14			+		+	模式30		+	+	+	+
模式15				+	+	模式31	+	+	+	+	+
模式16	+	+	+								

表7-4 流行性呼吸系统疾病传播期间不同所属人群主要的口罩佩戴模式

所属人群	佩戴口罩人数 / 样本量（%）	仅医用外科口罩 / 样本量（%）	仅一次性使用医用口罩 / 样本量（%）	医用外科口罩和一次性使用医用口罩 / 样本量（%）	其他佩戴模式 / 样本量（%）
医务人员	177（100）	45（26.2）	39（22.7）	22（12.8）	66（38.4）
与人群广泛接触人员	201（100）	37（18.5）	68（34.0）	27（13.5）	68（34.0）
企业在岗人员	810（100）	119（14.7）	268（33.1）	75（9.3）	348（43.0）
居家人群	3992（90.0）	728（16.5）	1454（33.0）	552（12.5）	1675（38.0）
其他	410（90.0）	65（19.0）	104（30.4）	48（14.0）	125（36.6）

根据我国颁布的《公众科学戴口罩指引》（简称《指引》）的指导，科学佩戴口罩是有效应对流行性呼吸系统疾病传播的重要措施。流行性呼吸系统疾病传播期间人群的所属分类不同决定了其环境暴露的风险不同，佩戴的口罩防护级别也存在差异。为分析流行性呼吸系统疾病传播期间不同风险人群佩戴口罩的科学性，根据在此期间人群所属分类展开分析，结果如表 7-4 所示。

居民外出时口罩佩戴模式与流行性呼吸系统疾病传播期间人群所属分类有关（x^2=32.037，$P < 0.01$）。《指引》指出，普通门诊和病房等医务人员、低风险地区医疗机构急诊医务人员、从事疫情防控相关职业暴露人员等，建议佩戴医用外科口罩；而接触确诊、疑似患者以及中高风险地区医疗机构急诊科的医务人员，则建议佩戴医用防护口罩。由表 7-4 可见，流行性呼吸系统疾病传播期间虽然医务人员仅佩戴医用外科口罩的比例最高，但仅为 26.2%，其次为仅佩戴一次性医用口罩（22.7%）。由此说明，流行性呼吸系统疾病传播期间部分医务人员的防护水平较低，政府、医院等有关部门应该加强佩戴口罩防护

宣传，引导医务人员科学地佩戴口罩，并统筹社会资源加大对医疗机构高防护等级口罩的供应，以保证医务人员的人身安全。对于与人群广泛接触人员和企业在岗人员，经常会暴露于办公室、超市、火车站等人员密集场所，《指引》指出，在中、低风险地区，应佩戴一次性使用医用口罩或医用外科口罩；在高风险地区，应佩戴医用外科口罩或符合KN95/N95及以上级别的防护口罩。由表7-4可知，与人群广泛接触人员和企业在岗人员外出选择仅佩戴一次性使用医用口罩的比例最高，分别为18.5%、14.7%，其次是选择佩戴医用外科口罩，分别为13.5%、9.3%，说明这两类人群选择和佩戴口罩的方式较科学，较好地符合《指引》中口罩佩戴的要求。《指引》中对居家人群要求在居家、户外、无人员聚集、通风良好地区时不戴口罩，在中、低风险地区的人员密集场所应随身备用口罩（一次性使用医用口罩或医用外科口罩），在与其他人近距离接触（≤1 m）时戴口罩，在高风险地区戴一次性使用医用口罩。流行性呼吸系统疾病传播期间我国居家人群外出佩戴口罩模式整体良好，选择仅佩戴医用外科口罩（16.5%）、医用外科口罩和一次性使用医用口罩（12.5%）的比例均高于企业在岗人员（分别为14.7%和9.3%），这可能与居民的防护意识及口罩资源的分配有关，因此建议引导居家人群无特殊情况下优先选择一次性使用医用口罩。

7.1.3 2020年初不同流行性呼吸系统疾病防控措施下外出人群佩戴口罩模式

将参与的调查者根据居住地周围1 km是否有发热门诊分为无发热门诊、有发热门诊但是非定点医院、有发热门诊且是定点医院3种人群，分析流行性呼吸系统疾病传播期间人群外出佩戴口罩的行为。由图7-1（a）可见，居住地周边不同医院分布情况下人群佩戴口罩比例依次为有发热门诊且是定点医院（99.8%）＞有发热门诊但是非定点医院（99.4%）＞无发热门诊（98.9%），且这种差异具有显著性（$P<0.05$）。可见，居住地周边医院分布对外出戴口罩行为具有重要影响，人群佩戴口罩的比例随居住地周围环境流行性呼吸系统疾病感染风险的增加而增加。由图7-1（b）可见，居住地周边不同医院分布情况下人群佩戴口罩的

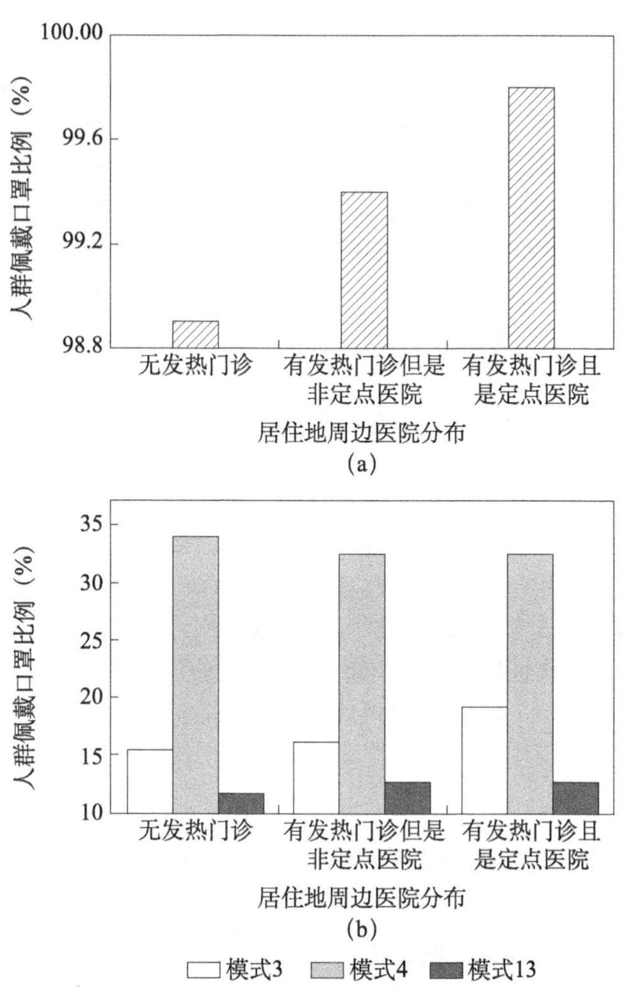

图7-1　流行性呼吸系统疾病传播期间居住地周边不同医院分布下人群佩戴口罩情况

模式主要为模式 3、模式 4 和模式 13。随居住地与流行性呼吸系统疾病传播相关度的提高，人群佩戴医用外科口罩（模式 3）比例逐渐增加，居住地周边无发热门诊、有发热门诊但是非定点医院、有发热门诊且是定点医院的人群佩戴医用外科口罩的比例分别为 15.4%、16.1%、19.2%；人群佩戴医用外科口罩和一次性使用医用口罩（模式 13）的比例也逐渐增加，居住地周边无发热门诊、有发热门诊但非定点医院、有发热门诊且是定点医院人群佩戴医用外科口罩和一次性使用医用口罩的比例分别为 11.5%、12.6%、13.6%；而人群佩戴一次性使用医用口罩（模式 4）的比例逐渐降低，居住地周边无发热门诊、有发热门诊但是非定点医院、有发热门诊且是定点医院人群佩戴一次性使用医用口罩的比例分别为 34.0%、32.6%、30.6%。可见，居住地周边医院分布特征对人群外出戴口罩的行为模式具有重要影响，居住地周边感染流行性呼吸系统疾病的风险越高佩戴一次性使用医用口罩的人群越少。

将调查对象居住的小区或村庄生活环境分为存在流行性呼吸系统疾病疑似病例、存在流行性呼吸系统疾病确诊病例、无流行性呼吸系统疾病疑似病例和无确诊病例 4 种类型，分析人群在四类环境下戴口罩行为模式特征，结果如图 7-2 所示。居住地不存在疑似病例的人群口罩佩戴行为比居住地存在疑似病例的人群更好，说明流行性呼吸系统疾病在影响人群戴口罩行为的同时，人群戴口罩的行为在一定程度上也制约了流行性呼吸系统疾病的发展。从口罩佩戴模式来看，不同居住环境下佩戴一次性使用医用口罩（模式 4）的比例最高，均在 30% 以上，佩戴医用外科口罩（模式 3）次之，佩戴医用外科口罩和一次性使用医用口罩（模式 13）最低。流行性呼吸系统疾病传播的严重程度与佩戴口罩的模式存在相互作用关系，居住地周边流行性呼吸系统疾病严重的地区居民口罩的佩戴率较低，而口罩佩戴率较高的地区流行性呼吸系统疾病传播严重程度较轻，可见口罩佩戴率的提升对流行性呼吸系统疾病传播的防控可能具有积极作用。因此，建议深入开展口罩佩戴行为与流行性呼吸系统疾病发生发展关联的研究。

为研究不同流行性呼吸系统疾病传播管制措施下居民戴口罩的行为模式，分析了居住小区是否进行全面消毒、是否控制居民进出人次、是否具有小区隔离和配送食品的配套服务、是否进行进出测温和实名登记 4 种管制措施下外出佩戴口罩的情况。由图 7-3 可见，不同管制措施下居民口罩的佩戴率均较高，但人群佩戴口罩的模式略有不同，在不同的管控措施下居民佩戴口罩模式均以模式 3、模式 4 和模式 13 为主，且占所有口罩佩戴模式的 60% 以上。不同管制措施下人群佩戴口罩的行为有差异，管制措施严格时，人群佩戴口罩的比例反而有所降低，可见居住地的管制措施可能会对口罩的佩戴行为产生影响，说明流行性呼吸系统疾病传播期间居住地相关管控措施可能与个人的防护行为存在相互作用。

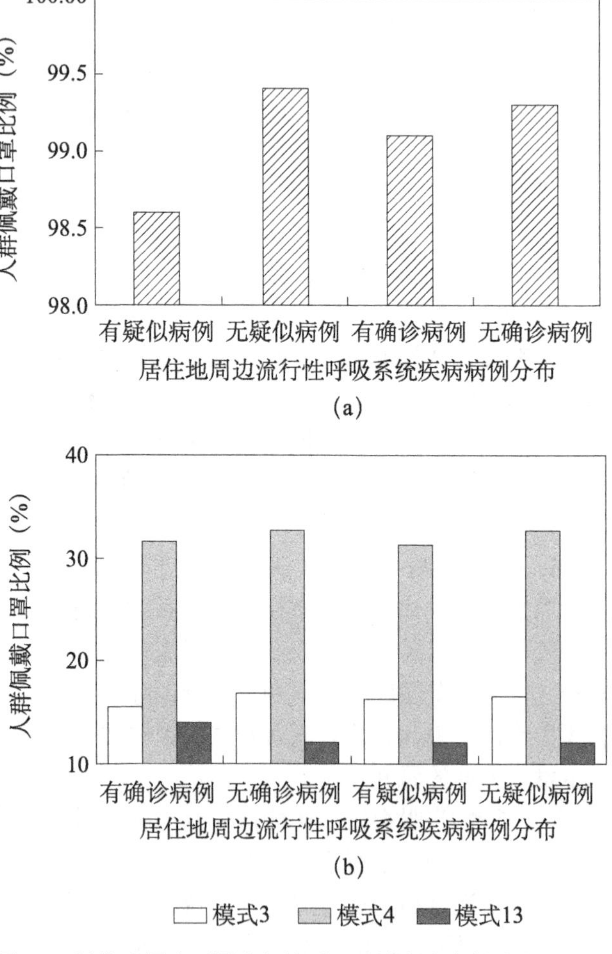

图7-2　居住地周边不同流行性呼吸系统疾病病例分布下人群佩戴口罩情况

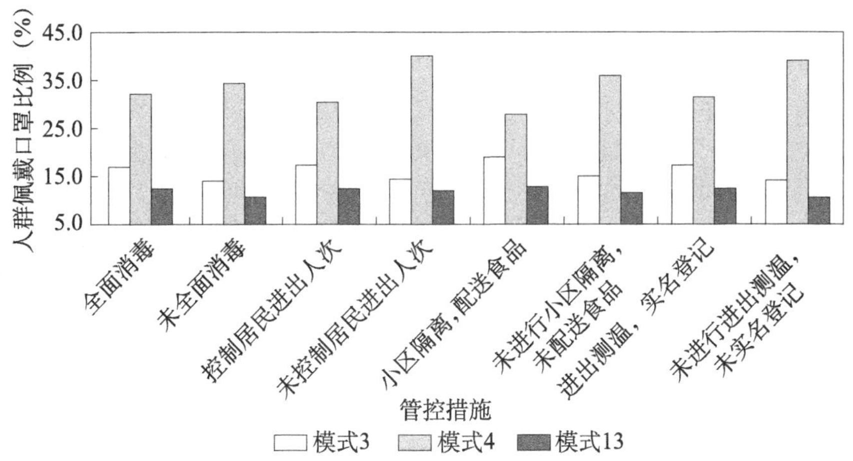

图7-3 流行性呼吸系统疾病传播期间居住地不同管控措施下人群佩戴口罩情况

7.1.4 2020年初中国人群外出佩戴口罩的更换频次

根据《指引》，建议有条件的情况下口罩累计佩戴4 h更换一次，因此本研究主要以4 h为更换依据。2020年初中国人群更换口罩的频次以累计使用4 h更换一次（31.1%）和累计使用24 h更换一次（31.9%）为主，选择其他的最少（6.0%）。从性别上看女性选择一次一换无论使用时间长久（24.8%）和累计使用时长4 h更换一次（32.3%）的比例更高，男性选择累计使用时长24 h更换一次（32.4%）和从不更换有就行（9.5%）的比例更高；从年龄上看，随着年龄的增长，不同人群单个口罩佩戴的累计时间越长，小于18岁的人群选择一次一换无论使用时间长久（39.4%）的最多，其次为累计使用时长4 h更换一次；从城乡上看，城市人群更多选择累计使用24 h更换一次（33.9%），而农村人群更倾向于累计使用4 h更换一次（30.1%）；从片区上看，不同片区人群口罩的更换频次有所不同，华北（32.8%）、华东（33.1%）、华南（37.6%）以人群累计使用4 h更换一次的频率为主，而西北（44.1%）、东北（32.2%）、西南（32.8%）地区的人群更多选择累计使用24 h更换一次为主。小学及以下教育程度的群体多为无论使用时间长短一次一换口罩，而研究生群体更倾向于累计使用时长4 h更换一次和累计使用时长 24 h 更换一次，可见文化程度的提高使口罩的使用更加量化也更加理性和科学。对于医务人员和经常与人群接触的人员来说，累计使用时长 4 h 更换一次和累计使用时长 24 h 更换一次的较多，而企业在岗人员更多将口罩佩戴 24 h。总体来看，2020 年初中国人群外出佩戴口罩的积极性较高，自我防护意识较强；更换口罩的频率受性别、年龄、地区、职业的影响而存在差异，性别因素对口罩更换频率的影响并不显著。在不同分层因素下，2020 年初中国人群口罩更换频次见表 7-5，2020 年初中国人群分区域、城乡、性别、年龄的人群佩戴口罩的更换频次见附表 7-5 至附表 7-7。

表7-5 2020年初中国人群佩戴口罩的更换频次

类别		样本量	口罩的更换频次（%）				
			一次一换，无论使用时间长久	累计使用时长4 h更换一次	累计使用时长24 h更换一次	从不更换，有就行	其他
合计		5 967	23.9	31.1	31.9	7.1	6.0
性别	男	2 687	22.8	29.7	32.4	9.5	5.6
	女	3 280	24.8	32.3	31.4	5.2	6.3
年龄	<18 岁	99	39.4	36.4	18.2	5.1	1.0
	18～29 岁	3 315	28.7	30.6	27.4	8.7	4.7
	30～44 岁	1 641	17.9	31.7	37.6	5.1	7.8
	45～59 岁	832	15.4	30.5	41.1	5.0	7.9
	≥60 岁	80	20.0	41.3	21.3	11.3	6.3
城乡	城市	4 640	22.2	31.4	33.9	6.3	6.1
	农村	1 327	29.9	30.1	24.7	9.9	5.4
片区	华北	1 438	23.6	32.8	30.6	7.9	5.1
	华东	1 378	27.8	33.1	28.1	5.8	5.2
	华南	844	28.6	37.6	25.5	3.0	5.5
	西北	936	17.2	21.5	44.1	9.7	7.5
	东北	584	24.5	30.1	32.2	7.9	5.3
	西南	787	20.2	30.0	32.8	9.0	8.0

续表

类别		样本量	口罩的更换频次（%）				
			一次一换，无论使用时间长久	累计使用时长4 h更换一次	累计使用时长24 h更换一次	从不更换，有就行	其他
文化程度	小学及以下	53	39.2	25.5	31.4	3.9	0.0
	初中	327	27.5	36.4	28.1	3.4	4.6
	高中（普高、职高、中专）	647	24.2	33.0	33.8	4.5	4.5
	本科或专科	3 632	25.9	30.2	30.9	7.6	5.5
	研究生（硕士、博士）	1 308	17.4	32.4	35.3	8.4	6.5
工作类型所属人群	医护人员	177	19.2	27.1	42.9	5.7	5.1
	与人群广泛接触人员	201	13.9	31.8	43.8	3.0	7.5
	企业在岗人员	810	16.2	24.0	46.2	3.5	10.3
	居家人群	4 435	26.6	32.8	28.0	8.3	4.3
	其他	344	18.1	30.4	37.7	4.7	9.1

7.2 2020 年初不同流行性呼吸系统疾病传播等级地区人群佩戴口罩行为

2020 年初流行性疾病传播等级的划分标准见第 1 章。不同流行性呼吸系统疾病传播等级下，人群外出佩戴口罩的比例均在 99% 以上。总体上，2020 年初中国人群戴口罩比例随着流行性呼吸系统疾病传播等级的提升而逐渐降低，流行性呼吸系统疾病传播等级较低的地区人群佩戴口罩的比例更高。不同流行性呼吸系统疾病传播等级下佩戴口罩的比例的排名为：一级（99.6%）＞三级（99.4%）＞四级（99.3%）＞二级（99.2%）= 五级（99.2%）。此外，2020 年初中国人群更换口罩的频率随着流行性呼吸系统疾病传播的等级的提高，选择一次一换无论使用时间长久、累计使用 4 h 更换一次的比例逐渐提高，而累计使用时长 24 h 更换一次的频次的比例逐渐降低。

2020 年初中国人群在不同流行性呼吸系统疾病传播等级下佩戴不同类型口罩的人群比例见表 7-6，口罩的更换频次见表 7-7。2020 年初中国人群分流行性呼吸系统疾病传播等级、城乡、性别、年龄的各类型口罩的人群佩戴比例和更换频次见附表 7-8。

表7-6 2020年初不同流行性呼吸系统疾病传播等级地区佩戴不同类型口罩的人群比例

流行性疾病传播等级	样本量	佩戴口罩类型比例（%）					
		不戴口罩	使用医用防护口罩	使用颗粒物防护口罩	使用医用外科口罩	使用一次性使用医用口罩	使用普通口罩
合计	5 967	0.7	11.2	22.6	43.2	62.1	9.7
一级	447	0.4	17.2	23.3	58.6	56.4	10.3
二级	1 888	0.8	11.1	23.5	42.4	59.1	10.8
三级	2 277	0.6	11.5	25.5	41.0	63.5	8.6
四级	1 101	0.7	8.2	16.3	41.5	66.9	10.4
五级	254	0.8	11.8	15.4	49.2	60.6	6.7

表7-7 2020年初不同流行性呼吸系统疾病传播等级地区人群口罩的更换频次

流行性疾病传播等级	样本量	佩戴口罩类型（%）				
		一次一换，无论使用时间长久	累计使用时长4 h更换一次	累计使用时长24 h更换一次	从不更换，有就行	其他
合计	5 967	23.9	31.1	31.9	7.1	6.0
一级	447	16.1	17.2	53.5	5.4	7.8
二级	1 888	23.3	28.9	32.5	8.5	6.7
三级	2 277	22.4	32.4	31.8	8.0	5.4
四级	1 101	27.8	34.7	27.2	4.6	5.6
五级	254	39.0	45.3	9.1	2.8	3.9

7.3 2020 年初与“十二五”期间人群佩戴口罩的比较

将本次调查所得的佩戴口罩模式与“十二五”期间《我国成人环

境暴露佩戴口罩行为模式调查》（聂静等，2015）进行对比。结果发现，2020 年初具有出行行为的中国人群外出佩戴口罩比例在 99% 以上，显著高于"十二五"期间中国人群佩戴口罩的比例（16.1%），且不同性别、地区的人群佩戴口罩的比例均显著高于"十二五"期间。2020 年初中国人群佩戴口罩的比例与"十二五"期间的对比见表 7-8。

表7-8　2020年初中国人群佩戴口罩比例与"十二五"期间的对比

类别		佩戴口罩比例（%）	
		2020年初	"十二五"期间
合计		99.3	16.1
性别	男	99.2	3.9
	女	99.4	12.2
城乡	城市	99.6	17.4
	农村	98.3	14.9
片区	华北	99.6	16.2
	华东	99.5	12.4
	华南	99.1	7.0
	西北	99.7	34.2
	东北	99.5	22.3
	西南	98.2	12.4

7.4 本章总结

（1）流行性呼吸系统疾病的传播改变了我国人群佩戴口罩的行为模式。2020 年初具有外出行为的中国人群佩戴口罩的比例为 99.3%；人群出行以仅佩戴医用外科口罩、仅佩戴一次性使用医用口罩以及佩戴医用外科口罩和一次性使用医用口罩 3 种模式为主，占 31 种口罩佩戴模式的 60% 以上。

（2）流行性呼吸系统疾病传播期间，中国人群口罩佩戴的行为模式受性别、年龄、文化程度、居住地流行性呼吸系统疾病严重程度以及人群工作类型属性等因素的影响而存在差异，但与"十二五"期间相比

2020 年初中国人群佩戴口罩的比例大大增加。文化程度较低的人群口罩佩戴率越低，因此应加强对社会公众的流行性呼吸系统疾病防护科普宣传与教育，助力全民对流行性呼吸系统疾病和类似突发性传染病的防控。

（3）流行性呼吸系统疾病传播期间中国人群口罩更换频次以累计使用 4 h 更换一次和累计使用 24 h 更换一次为主，选择从不更换和其他频次的人群最少；更换口罩的频次因性别、年龄、地区、工作类型人群属性的不同而存在显著差异。年龄越大的人群单个口罩的累计佩戴时间越长，受教育程度越低的人群更倾向于一次一换，随着文化程度的提高，口罩的更换频次更加理性和科学。因此，建议在推行口罩这一防护措施时应加强科学佩戴口罩的科普与宣传。

（4）居住地周围环境、居住环境流行性呼吸系统疾病分布特征和居住地管制措施均对人群佩戴口罩的行为模式造成影响。随着流行性疾病传播等级的提升，中国人群佩戴口罩比例呈现逐渐降低的趋势，且单个口罩的佩戴时间不断减少。流行性呼吸系统疾病传播越严重的地区或感染风险越高的地区，居民佩戴口罩的比例及佩戴口罩的科学性越低，而口罩佩戴率较高的地区流行性呼吸系统疾病较轻，说明人群佩戴口罩行为与流行性呼吸系统疾病传播的发展存在一定的相互作用，建议后续深入地开展口罩佩戴行为与流行性呼吸系统疾病或类似突发性传染病发生发展关联的研究。

参考文献

国务院应对新型冠状病毒肺炎疫情联防联控机制，2020. 关于印发公众科学戴口罩指引的通知 [EB/OL].(2020-03-17). http://www.nhc.gov.cn/jkj/s3577/202003/0a472cc09e744144883db6a74fe6e760.shtml.

倪晓平，邢玉斌，索继江，等，2020. 医疗机构中微生物气溶胶的特性与作用 [J]. 中华医学感染学杂志，30(8) : 1183-1190.

聂静，段小丽，王贝贝，等，2015. 我国成人环境暴露佩戴口罩行为模式调查 [J]. 环境与健康杂志，32（3）：234- 236.

钱铭怡，叶冬梅，董葳，等，2003. 不同时期北京人对 SARS 的应对行为、认知评价和情绪状态的变化 [J]. 中国心理卫生杂志，17(8): 515-520.

王睿，曾强，刘洪亮，2012. 医务人员佩戴口罩情况与感染呼吸道传染病关系的

Meta 分析 [J]. 环境与健康杂志，29(3): 269-270.
姚红，2004. 个人使用防护口罩防“非典”常见问答 [J]. 中国医疗器械信息，9(3): 31-33.
章文强，李斯怡，李选，等，2019. 简阳市职业人群布鲁氏菌病相关知识和行为现状调查及其影响因素分析 [J]. 四川大学学报 (医学版)，50(4): 551-555.
BLACHERE F M，LINDSLEY W G，MCMILLEN C M，et al.，2018. Assessment of influenza virus exposure and recovery from contaminated surgical masks and N95 respirators [J]. Journal of Virological Methods，260(17): 98-106.
CRISTINA C，GABRIEL R，MANJUNATH S，et al.，2015. Potential demand for respirators and surgical masks during a hypothetical influenza pandemic in the United States [J]. Clinical Infectious Diseases: an Official Publication of the Infectious Diseases Society of America，60(1): 42-51.
DAVIES A，THOMPSON K A，GIRI K，et al.，2013. Testing the efficacy of homemade masks: would they protect in an influenza pandemic?[J]. Disaster Medicine and Public Health Preparedness，7 (4): 413-418.
EUA DEPARTMENT OF HEALTH AND HUMAN SERVICES，2005. HHS pandemic influenza plan[R]. Washington DC: US Department of Health and Human Services，85-86.
FRANCE GENERAL SECRETARIAT FOR NATIONAL DEFENCE，2007. National plan for the prevention and control of influenza pandemic [R]. Paris: General Secretariat for National Defence，10-15.
MACINTYREC R，CAUCHEMEZ S，DWYER D E，et al.，2009.Face mask use and control of respiratory virus transmission in households [J]. Emerging Infectious Diseases，15(2) : 233-241.
MARIANNE V D S，PETER T，ROB S，2008. Professional and homemade face masks reduce exposure to respiratory infections among the general population [J]. Plos One，3(7): e2618.
SIEGEL J D，RHINEHART E，JACKSON M，et al.，2007. 2007 Guideline for isolation precautions: preventing transmission of infectious agents in health care settings [J]. American Journal of Infection Control，35: S65-164.
SMITH J D，MACDOUGALL C C，JOHNSTONE J，et al.，2016. Effectiveness of N95 respirators versus surgical masks in protecting health care workers from acute respiratory infection: a systematic review and meta-analysis [J]. Canadian Medical Association Journal，188(8): 567-574.

8 外出防护措施

人群的社区流动很有可能导致一些传染病病毒的传播（Yang，2020）。2020 年初流行性呼吸系统疾病的主要传播方式是飞沫传播和密切接触传播，也有研究发现气溶胶传播也可能是另外一种方式，但证据并不充分（Ong et al.，2020；Wang et al.，2020）。此外，研究发现流行性呼吸系统疾病的病毒能在气溶胶中、塑料、硬纸板和不锈钢表面存活数小时（Van，2020）。流行性呼吸系统疾病病毒的传播非常迅速，并且在人群中普遍易感（Tang et al.，2020）。日常生活中，人们外出时很有可能用手接触到门把手、电梯按键的表面，与其他人有短暂的近距离接触。研究已经证明，大量的无症状感染者携带的病毒具有感染性，并且加速了病毒的传播（Li et al.，2020）。人们外出时采取适当的个人防护措施、保障人与人之间的社交距离、外归时洗手等措施能够降低感染风险已经成为许多研究者的共识（Wilder et al.，2020a；Wilder et al.，2020b；Yen et al.，2020）。2020 年初人们在必要的外出活动时采取妥善的个人防护措施既是保护自身免受病毒感染、对他人负责的重要措施，也是为我国整体流行性呼吸系统疾病的防控提供支持的重要方式。每个个体对流行性呼吸系统疾病的风险感知与防护方式的理解并不一致，且我国各地区流行性呼吸系统疾病暴发的严重程度和当地采取的整体防控措施也存在差异。因此，人们在外出或外归时采取的自我防护方式也不尽相同。调查和研究 2020 年初人群外出时的防护措施或在超市等公共场所采取个人防护措施的合理性，对进一步探索流行性呼吸系统疾病传播期间个人保护措施的实施对流行性疾病发展的影响等方面具有重要的意义。

本次关于人群外出防护措施实施情况的调查主要设置了两个方面的内容。一方面是人们外出时手卫生情况、安全社交距离和外归时消毒防护情况。主要包括：①人群外出接触电梯、门把手等表面的防护措施；

②人群外出时的安全社交距离防护情况；③人群外出归家时对口罩、手机、钥匙、鞋子和衣物等的安全处置情况。另一方面是专门针对人群前往超市、市场进行采购时采取的个人防护措施情况。主要包括：①采购期间是否会全程佩戴口罩等个人防护用具；②外出采购期间是否会主动避开人员密集处保持安全社交距离；③购物期间是否会直接接触生鲜家禽；④是否会在购物期间接触到市场内的废物或废水；⑤购物时是否会发生手直接接触眼、口、鼻的行为；⑥购物结束是否会立即洗手清洁。

8.1 2020 年初中国人群外出防护措施的分布

8.1.1 外出时接触电梯按钮、门把手表面的防护措施

全国有 12.1% 的人群在外出触摸电梯按钮、门把手前后没有采取任何防护措施，40.5% 的人会在触碰过这些表面之后进行洗手消毒，47.4% 的人则会在触碰时借助纸巾等物品避免与这些表面直接接触。男性不采取防护措施的比例为 16.4%，要明显高于女性的 8.6%；超过一半的女性（50.9%）会使用纸巾等物品避免与电梯按钮、门把手的直接接触，而男性采取这一防护措施的比例（43.2%）要少于女性。触碰电梯按钮、门把手等高风险区域后洗手清洁的人群占比情况在城乡分布上没有明显差别（城市：40.1%，农村：41.6%），而农村地区无措施的占比为 22.2%，明显高于城市地区的 9.3%；并且城市地区触碰电梯按钮、门把手等区域时借助纸巾等物品的人群比例（50.6%）要明显高于农村地区（36.2%）。按照不同地区划分来看，未采取措施触碰电梯按钮、门把手等区域的人群占比西南地区最高，为 17.4%；西北地区最低，为 7%；触碰后及时洗手消毒人群占比最高的地区为西北地区，为 44.4%，占比最低的地区为西南地区，为 35.7%；华南地区借助纸巾等物品接触电梯按钮、门把手等高风险区域的人群占比最高，为 50.9%，华东地区最低，为 43.8%。

尽管 2020 年初并没有人因触摸电梯按钮、门把手等公共环境表面而感染流行性呼吸系统疾病病毒的相关报道，但是仍不能排除病毒通过接触传播的可能性。病毒感染者生活或到访过的环境表面存在病毒的证据是充分的，有学者研究发现病毒感染者生活区域的环境表面对病毒的

表8-1　2020年初中国人群外出和外归的防护措施占比分布

类别		样本量	使用电梯按钮、门把手等高风险区域防护措施的人数占比			外出与人交流时彼此之间距离的人数占比			外归后采取防护措施行为的人数占比		
			无防护措施（%）	触碰以后，及时洗手、消毒（%）	使用面巾纸、消毒纸巾等隔开，手不直接接触（%）	<1.0 m（%）	1.0～2.0 m（%）	2.0 m以上（%）	口罩消毒或密封处理（%）	使用酒精或消毒纸巾擦拭外出时使用的手机、钥匙等（%）	将鞋、衣物放置在通风处（%）
合计		7 784	12.1	40.5	47.4	10.0	71.7	18.3	72.5	72.0	86.3
性别	男	3 364	16.4	40.4	43.2	9.8	69.6	20.6	71.6	67.2	84.3
	女	4 420	8.6	40.5	50.9	10.1	73.5	16.3	73.3	76.0	88.0
年龄	<18岁	183	12.8	44.2	43.0	13.7	64.4	21.9	80.0	78.3	92.9
	18～29岁	4 626	16.7	42.0	41.3	11.5	68.5	20.0	71.6	66.5	84.6
	30～44岁	1 920	6.1	38.3	55.6	7.6	75.7	16.8	73.3	78.7	86.7
	45～59岁	952	6.8	38.7	54.5	8.5	76.5	15.0	73.8	78.5	90.7
	≥60岁	103	15.2	39.2	45.6	21.7	58.0	20.3	70.0	67.1	90.4
城乡	城市	5 890	9.3	40.1	50.6	9.2	73.1	17.7	73.5	74.9	86.6
	农村	1 894	22.2	41.6	36.2	13.1	66.3	20.6	69.0	61.1	85.3
片区	华北	1 927	12.5	39.3	48.2	9.4	71.9	18.6	69.9	73.8	84.3
	华东	1 685	13.0	43.2	43.8	11.0	71.8	17.2	70.1	69.0	86.6
	华南	1 126	12.4	36.7	50.9	9.7	70.5	19.8	69.9	67.2	90.7
	西北	1 255	7.0	44.4	48.3	9.0	72.2	18.8	79.9	81.6	89.6
	东北	726	10.2	42.1	47.7	6.9	73.5	19.6	72.9	76.1	81.1
	西南	1 065	17.4	35.7	46.9	13.2	70.4	16.5	74.6	64.3	84.9

检出率总体在 34.1% 以上（Hu et al.，2021）。因此，接触环境物体表面感染病毒仍然存在一定的可能，在有足够证据否定这一传播途径前，仍要避免不必要的接触或接触后进行清洁。从调查结果来看，农村地区的接触防护情况明显低于城市地区，其原因可能是农村地区的流行性呼吸系统疾病防控压力相对城市更低，或对于个人防护的主观重视程度较城市低等；女性的总体防护水平高于男性，可能与男性对接触防护的重视程度低于女性，或与不同性别人群出行及相关行为需求等有关。

8.1.2 外出时社交防护距离

在全球流行性呼吸系统疾病大流行暴发后，有多项研究发现人群的社交距离不足是流行性呼吸系统疾病病毒感染的主要危险因素之一。例如，La 等（2021）基于对 1 273 名医护工作者的跟踪调查发现，社交距离小于 1 m 是病毒感染的危险因素，风险比（HR）为 2.62（95% CI：1.11-6.19）。根据 Wong 等（2022）对美国老年人队列的分析来看，保持社交距离不仅能够有效降低病毒的感染风险，还与洗手、戴口罩等措施有协同作用。

2020 年初中国人群外出时社交防护距离如表 8-1 所示。结果发现，人们外出时大部分人的社交距离为 1 ～ 2 m（71.7%），18.3% 的人的社交距离在 2 m 以上，只有 10% 的人小于 1 m，说明绝大多数人群外出时能较好地保证一定的社交防护距离。从性别来看，男性和女性社交防护距离的差别不明显，小于 1 m 社交防护距离的人群占比分别为 9.8% 和 10.1%。从年龄上看，60 岁及以上的人群最易忽视社交防护距离，21.7% 的人社交防护距离在 1 m 以下，而 30 ～ 44 岁是具有更高主动防护行为的人群，只有 7.6% 的人社交防护距离小于 1 m，表明 60 岁及以上人群对于社交防护距离的重视程度相对较低。从城乡来看，农村地区社交防护距离小于 1 m 的人群占比为 13.1%，略高于城市的 9.2%。从片区来看，东北地区的人群更为注重社交防护距离，只有 6.9% 的人群社交防护距离在 1 m 以下，而华东和西南地区社交防护距离在 1 m 以下的人数占比都超过 10%，分别为 11.0% 和 13.2%。以上社交防护距离的差异，可能与不同人群对病毒防护的认识和重视程度的差异、不同地区的流行性呼吸系统疾病防控压力不同等因素有关。

8.1.3 外归后的相关措施

外归后实施相应的处置措施的目的是减少人体通过私人物品表面接触而摄入病毒的可能，从病毒的总暴露量来看，减少接触未清洁的私人物品表面能够降低人体的病毒摄入量（Jin et al.，2022）。通过对人们外归时的防护措施调查发现（表 8-1），外出回家之后有 72.5% 的人群会对口罩进行消毒或密封处理，72.0% 的人会使用酒精擦拭手机、钥匙等的表面，86.3% 的人群会将鞋子、外衣放置在通风处。其中，女性外归后在这三个方面的防护措施执行比例要高于男性（处置口罩：女性 73.3%，男性 71.6%；手机、钥匙酒精消毒：女性 76.0%，男性 67.2%；鞋子、衣物通风放置：女性 88.0%，男性 84.3%）。从不同地区来看，西北地区处置口罩的人群占比为 79.9%，用酒精擦拭手机或钥匙表面的人群占比达到 81.6%，均为最高；而处置口罩的人群占比最低的是华北和华南地区，均为 69.9%，西南地区用酒精为手机和钥匙表面消毒的人群占比最低，为 64.3%。华南地区有 90.7% 的人外归后会将鞋子和外衣放置于通风处，为全国最高，东北地区最低，为 81.1%。2020 年初中国人群外出时防护措施分区域、城乡、性别、年龄的具体分布情况见附表 8-1 至附表 8-3。

总体上，大部分人群在 2020 年初外归后会采取一定的防范措施，女性采取防护措施的情况较男性好，表现出相对较高的防护意识。各地区间人群采取防护措施的情况也存在一定的差异，可能与各地区流行性呼吸系统疾病防护压力不同、气候差异、生活习惯不同等因素有关，如华南地区气温相对较高，物品通风情况更好，东北地区气温较低物品通风相对较少。

8.1.4 外出采购期间的防护措施

本次调查还专门关注了我国人群 2020 年初期间在超市、市场采购时的个人防护情况，主要包含以下 6 个方面（具体见表 8-2）。

（1）采购期间全程佩戴口罩。全国范围内绝大部分人在外出采购时都会全程佩戴口罩（98.8%）。其中，华北地区最高为，99.3%，其次是西北地区的 99.2%，华东地区为 99.1%，东北地区为 98.3%，华南地区和西南地区均为 98.1%。女性采购期间全程佩戴口罩的人群占比为 99.2%，略高于男性（98.4%）。城市地区为 99.0%，略高于农村地区的 98.3%。45 ～ 59 岁全程佩戴口罩的人群占比最高，为 99.4%；60 岁及以上人群采购期间全程佩戴口罩的比例最低，为 96.0%。

（2）避免在人群密集处停留。全国 93.5% 的人外出采购时会避免在人群密集处逗留，其中东北地区最高，为 94.9%，西北地区最低，为 92.6%。人群外出时是否避免在人群密集处停留没有明显的城乡差异，城市和农村均有超过 93.0% 的人群避免在人群密集处停留。女性外出采购期间避免于人群密集处逗留的比例为 94.1%，高于男性的 92.8%。

（3）接触生鲜家禽。全国范围内 32.6% 的人群会直接接触生鲜家禽。其中，西北地区直接接触生鲜家禽的人群比例最高，为 35.0%；东北地区最低，为 29.9%。农村地区，34.4% 的人群会直接接触生鲜家禽，略高于城市地区的 32.2%。女性接触生鲜家禽行为的人群占比为 28.5%，明显少于男性的 37.7%。

（4）接触市场内的废物、废水。调查期间全国有 24.9% 的人群会有直接接触采购场所内的废物、废水的行为。其中，西北地区最高，为 28.5%；东北地区最低，为 22.1%。农村地区接触采购市场内废物、废水的人群比例为 28.2%，高于城市的 24.0%。女性购物时具有接触废物、废水行为的人群占比为 21.1%，明显低于男性的 29.4%。

（5）采购期间用手接触眼、口、鼻。全国 35.7% 的人在外出购物时会发生手接触眼、口、鼻的行为。其中，西南地区最高，为 44.5%，华南地区最少，为 31.9%。农村地区为 44.7%，明显高于城市地区的 33.2%。女性采购期间手与口、眼、鼻的接触行为的占比为 30.8%，明显少于男性的 41.5%。

（6）购物结束及时洗手消毒。全国 93.7% 的人采购结束后会及时进行手部清洁，其中西北地区最高，为 95.8%，西南地区最低，为 87.3%；城市地区的占比为 94.8%，高于农村地区的 89.6%；女性为 95.0%，略高于男性的 92.1%。流行性呼吸系统疾病传播期间中国人群外出购物时防护措施分区域、城乡、性别、年龄的具体分布情况见附表 8-5 至附表 8-7。

根据 Wong 等（2022）的发现，美国老年人中洗手、戴口罩、保持社交距离等行为的增加与流行性呼吸系统疾病病毒感染率的降低存在显著的关联。本次调查的结果也显示，受访者对此三项措施的行为意愿更高。流行性呼吸系统疾病传播期间中国人群外出佩戴口罩、避免聚集、手消毒的防护措施占比很高，明显高于其他类别的防护措施。此现象也表明，大部分人群对于佩戴口罩、避免亲密接触和手消毒等个人防护措施的重视，同时也反映出人群对流行性呼吸系统疾病病毒主要通过飞沫传播途径的了解。本次调查的结果与 Guo 等（2021）的研究结果相似，大多数受访者对戴口罩、保持社交距离的执行意愿更高。

表8-2　2020年初中国人群外出采购人群的防护措施占比概况

类别		样本量	防护措施占比（%）					
			全程佩戴口罩等防护用品	避免人群密集	直接接触生鲜家禽	接触市场垃圾、废水	用手接触眼、口、鼻	购物结束及时清洗手部
合计		7 784	98.8	93.5	32.6	24.9	35.7	93.7
性别	男	3 364	98.4	92.8	37.7	29.4	41.6	92.1
	女	4 420	99.2	94.1	28.5	21.1	30.8	95.0
年龄	<18 岁	183	98.7	88.5	40.8	33.3	51.3	88.6
	18～29 岁	4 626	98.5	93.5	36.4	30.6	43.4	92.2
	30～44 岁	1 920	99.3	93.2	29.8	19.6	28.1	95.2
	45～59 岁	952	99.4	95.2	24.8	14.5	22.8	96.5
	≥60 岁	103	96.0	89.2	29.0	22.9	25.0	90.7
城乡	城市	5 890	99.0	93.5	32.2	24.0	33.2	94.8
	农村	1 894	98.3	93.6	34.4	28.2	44.7	89.6
片区	华北	1 927	99.3	93.6	30.9	23.8	32.4	94.9
	华东	1 685	99.1	93.6	32.8	26.2	38.2	94.4

续表

类别		样本量	防护措施占比（%）					
			全程佩戴口罩等防护用品	避免人群密集	直接接触生鲜家禽	接触市场垃圾、废水	用手接触眼、口、鼻	购物结束及时清洗手部
片区	华南	1 126	98.1	93.8	33.3	22.7	31.9	93.4
	西北	1 255	99.2	92.6	35.0	28.5	35.4	95.8
	东北	726	98.3	94.9	29.9	22.1	31.1	94.9
	西南	1 065	98.1	93.0	33.8	24.8	44.5	87.3

8.2 2020 年初不同流行性呼吸系统疾病传播等级地区人群外出防护措施

来自不同流行性呼吸系统疾病传播等级地区人群的外出防护措施占比总体上也存在一定的差异（表 8-3）。最低等级的地区（西藏、青海）总体上执行了最严格的外出防护措施。流行性呼吸系统疾病传播等级最高的湖北地区人群也执行了较严格的外出防护措施，89.6% 的人群使用电梯按钮、门把手等时采取了防护措施，91% 的人保持了 1 m 以上的社交距离。外归时安全处置口罩（74.5%）、擦拭手机和钥匙（73.8%）、处置外衣和鞋（90.2%），各项防护措施的占比均位于第二位。而四级地区的人群外出和外归防护措施的占比相对较低，其中使用电梯和门把手无措施（15.2%）、社交距离小于 1 m（11.4%）、归家后未妥善处理口罩（33.4%）、未清洁手机钥匙（36.7%）的人群占比均为各等级地区最高。

不同流行性呼吸系统疾病传播等级地区人群在超市、生鲜市场等购物时佩戴口罩的人群占比（表 8-4）均在 98.0% 以上，而流行性呼吸系统疾病传播等级最高的五级地区（湖北）占比最少（98.3%），且直接接触生鲜和家禽的比例最高（38.4%）；购物期间手接触眼、口、鼻，以及购物结束后未及时洗手的人群占比分别为 33.1% 和 6.8%，仅高于四级地区。2020 年初中国人群分流行性呼吸系统疾病传播等级、城乡、

表8-3　2020年初不同流行性呼吸系统疾病传播等级地区外出和外归人群的防护措施占比概况

流行性呼吸系统疾病传播等级	样本量	使用电梯按钮、门把手等高风险区域防护措施			外出与人交流时彼此之间距离人数占比			外归口罩消毒或密封处理（%）	外归使用酒精或消毒纸巾擦拭外出时使用的手机、钥匙等（%）	外归将鞋、衣物是否通风处放置（%）
		无防护措施（%）	触碰以后，及时洗手、消毒（%）	使用面巾纸、消毒纸巾等隔开，手不直接接触（%）	小于1.0 m（%）	1.0～2.0 m（%）	2.0 m以上（%）			
合计	7 784	12.1	40.5	47.4	10.0	71.7	18.3	72.5	72.0	86.3
一级	423	6.7	42.9	50.5	16.2	70.8	12.9	85.0	86.4	91.6
二级	1 650	12.0	41.2	46.7	8.8	72.8	18.4	74.0	72.4	85.5
三级	1 864	12.0	39.7	48.3	9.1	72.5	18.4	71.3	72.6	85.3
四级	899	15.2	40.6	44.2	11.4	69.8	18.8	66.6	63.3	87.0
五级	390	10.4	35.8	53.7	9.0	65.4	25.5	74.5	73.8	90.2

性别、年龄的外出时防护措施和外出购物时防护措施的具体分布情况见附表 8-4 和附表 8-8。

不同地区的流行性呼吸系统疾病传播等级可能反映了各地区防护压力环境的不同，这可能导致不同地区人群行为模式的改变，包括对个人防控措施的重视程度和个人防护行为的发生。调查结果也显示，在大部分流行性呼吸系统疾病传播等级较高的地区，人群外出和外归的防护措施实施情况更好。

表8-4 2020年初不同流行性呼吸系统疾病传播等级地区外出采购人群的防护措施占比

流行性呼吸系统疾病传播等级	样本量	防护措施占比（%）					
		全程佩戴口罩等防护用品	避免人群密集	直接接触生鲜家禽	接触市场垃圾、废水	用手接触眼、口、鼻	购物结束及时清洗手部
合计	7 784	98.8	93.5	32.6	24.9	35.7	93.7
一级	423	99.3	90.3	34.5	29.7	35.2	94.1
二级	1 650	98.7	94.1	30.9	24.0	36.1	93.5
三级	1 864	98.7	93.6	34.5	26.1	36.9	94.0
四级	899	99.1	93.9	29.9	22.0	32.9	93.1
五级	390	98.3	93.0	38.4	25.5	33.1	93.2

8.3 本章总结

（1）2020 年初流行性呼吸系统疾病传播期间，全国有 12.1% 的人群在外出触摸电梯按钮、门把手前后没有采取任何防护措施，40.5% 的人会在触碰过这些表面之后进行洗手消毒，47.4% 的人则会在触碰时借助纸巾等物品避免与这些表面直接接触；女性的防护行为强于男性，30 ～ 59 岁人群采取防护措施的行为强于其他年龄段人群。

（2）71.7% 的人群外出时的社交距离为 1 ～ 2 m，18.3% 的人的社交距离在 2 m 以上，10% 的人小于 1 m；男性和女性社交防护距离的执行情况差别不明显；30 ～ 44 岁是具有更高主动防护行为的人群，60 岁及以上的人群最易忽视社交防护距离，21.7% 的人社交防护距离在 1 m 以下；农村地区社交防护距离小于 1 m 的人群占比为 13.1%，略高于城市的 9.2%；东北地区的人群更为注重社交防护距离，只有 6.9% 的人群社交防护距离在 1 m 以下。

（3）外出回家之后有 72.5% 的人群会对口罩进行消毒或密封处理，72% 的人会使用酒精擦拭手机、钥匙等的表面，86.3% 的人群会将鞋子、外衣放置在通风处。女性外归后采取的防护措施执行情况要高于男性；西北地区处置口罩、用酒精擦拭手机或钥匙表面的人群占比均最高，华南地区外归后会将鞋子和外衣放置于通风处的人群占比为全国最高。

（4）具有出行行为的人群中，98.8% 人在外出采购时会全程佩戴口罩，93.5% 的人外出采购时会避免在人群密集处逗留，35.7% 的人在外出购物时会发生手接触眼、口、鼻的行为发生，93.7% 的人采购结束后会及时进行手部清洁。2020 年初有 32.6% 的人群会直接接触生鲜家禽，有 24.9% 的人群会有直接接触采购场所内的废物、废水的行为。

（5）总体上，2020 年初流行性呼吸系统疾病传播期间的个人防护水平在全国范围内存在着一定的地区差异和城乡差别。女性的个人防护水平高于男性，城市人群的防护水平高于农村地区；年龄分布上看，30 ～ 44 岁和 45 ～ 59 岁人群的防护水平更高，60 岁及以上人群的防护水平最低。附表中提供了更具体的分布情况。

参考文献

GUO Y Q，QIN W D，WANG Z Y，et al.，2021. Factors influencing social distancing to prevent the community spread of COVID-19 among Chinese adults[J]. Preventive medicine，143: 106385.

HU X，NI W，WANG Z，et al.，2021. The distribution of SARS-CoV-2 contamination on the environmental surfaces during incubation period of COVID-19 patients[J]. Ecotoxicology and Environmental Safety，208: 111438.

JIN T，CHEN X，NISHIO M，et al.，2022. Interventions to prevent surface transmission of an infectious virus based on real human touch behavior: a case study of the norovirus[J]. Int J Infect Dis，122: 83-92.

LA T G，MARTE M，PREVITE C M，et al.，2021. The Synergistic Effect of Time of Exposure，Distance and No Use of Personal Protective Equipment in the Determination of SARS-CoV-2 Infection: Results of a Contact Tracing Follow-Up

Study in Healthcare Workers[J/OL]. Health and Safety Promotion in the Workplace, 18(18): 9456. https://doi.org/10.3390/ijerph18189456.

LI R, PEI S, CHEN B, et al., 2020. Substantial undocumented infection facilitates the rapid dissemination of novel coronavirus (SARS-CoV-2)[J]. Science, 368(6490): 489-493.

ONG S W X, TAN Y K, CHIA P Y, et al., 2020. Air, Surface Environmental, and Personal Protective Equipment Contamination by Severe Acute Respiratory Syndrome Coronavirus 2 (SARS-CoV-2) From a Symptomatic Patient[J]. JAMA, 323(16): 1610-1612.

SADEGHI M, 2020. Isolation, quarantine, social distancing and community containment: pivotal role for old-style public health measures in the novel coronavirus (2019-nCoV) outbreak[J]. Iranian Journal of Biology, 3(6): 168-171.

TANG B, BRAGAZZI N L, LI Q, et al., 2020. An updated estimation of the risk of transmission of the novel coronavirus (2019-nCov)[J]. Infectious Disease Modelling, 5: 248-255.

VAN D N, BUSHMAKER T, MORRIS D H, et al., 2020. Aerosol and Surface Stability of SARS-CoV-2 as Compared with SARS-CoV-1[J]. New England Journal of Medicine, 382(16): 1564-1567.

WANG L, WANG Y, YE D, et al., 2020. Review of the 2019 novel coronavirus (SARS-CoV-2) based on current evidence[J]. International Journal of Antimicrobial Agents, 55(6): 105948.

WILDER S A, CHIEW C J, LEE V J, 2020a. Can we contain the COVID-19 outbreak with the same measures as for SARS?[J]. The Lancet Infectious Diseases, 20(5): e102-e107.

WILDER S A, FREEDAM D O, 2020b. Isolation, quarantine, social distancing and community containment: pivotal role for old-style public health measures in the novel coronavirus (2019-nCoV) outbreak[J/OL]. Journal of Travel Medicine, 27 (2): 1-4. https://doi.org/10.1093/jtm/taaa020.

WONG R, GRULLON J R, LOVIER M A, 2022. COVID-19 risk factors and predictors for handwashing, masking, and social distancing among a national prospective cohort of US older adults[J]. Public Health, 211: 164-170.

YANG J X., 2020. The spreading of infectious diseases with recurrent mobility of community population [J]. Physica A: Statistical Mechanics and its Applications, 541: 123316.

YEN M Y, SCHWARTZ J, CHEN S Y, et al., 2020. Interrupting COVID-19 transmission by implementing enhanced traffic control bundling: Implications for global prevention and control efforts[J]. Journal of Microbiology, Immunology and Infection, 53(3): 377-380.

9 饮食摄入量

饮食摄入量（Food Intake）指人每天摄入食物的总量（g/d）。根据食物种类，可分为粮食、蔬菜、禽畜肉类及可食用鱼虾类、水果、奶类、蛋类等。研究表明，谷类、蔬菜及水果等农作物会吸附、堆积大气中的污染物，并与雨水、农业用水中的化学物质接触，还可通过植物根部吸收地下水中的化学物质造成食品污染；另外，使用杀虫剂、肥料等也会造成土壤污染，经被污染的土壤、水、饲料喂养的家畜的肉类及蛋类、肉制品等，以及被污染的鱼贝类的摄入都使人体具有暴露于有毒化学物质的潜在危害（李丹等，2015；潘根兴等，2002）。

研究发现，食物摄入是重金属、有机物等环境污染物人体暴露的主要途径之一，是环境污染物人体暴露健康风险的重要来源（Ferreccio et al.，2000；Smedle et al.，2002）。因此，饮食摄入量参数是暴露评价中重要的参数，其准确性对环境污染物暴露及健康风险评估结果的可靠性起着至关重要的作用。饮食摄入量受年龄、性别、地域、季节、气候、经济状况、生活习惯及生理状况等因素的影响（USEPA，2011）。在 2020 年初流行性疾病传播期间，除做好有效的个人防护之外，良好的膳食营养是人体免疫系统正常工作、抵御流行性疾病风险的重要保障，合理膳食可通过均衡营养增强居家自我隔离人员的自身抵抗力。谷物、水果、蔬菜、肉蛋、奶豆类食物都可以为我们提供营养物质，维持人体正常生命活动（殷峰林，2015）。不健康的饮食会导致人体免疫力下降，也是导致癌症的主要危险因素之一；合理的膳食搭配，人体免疫系统才能正常运作，从而增强人体免疫力、预防癌症（蒋玉梅等，2020；孙强等，2013）。在 2020 年流行性呼吸系统疾病传播期间，消费者更应合理安排膳食，不能过度节食，更不可暴饮暴食（李靓等，2021）。本章主要分析讨论 2020 年初流行性呼吸系统疾病传播期间中国人群的饮食行为特征。由于 2020 年初中国人群环境暴露行为模式研究采用电子问卷的方式进行，无法准确核实人群每日对各种食物的具体摄入量，故本章根据中国疾病预防控制中心发布的膳食与营养摄入相关指导文件，分析流行性呼吸系统疾病传播期间人群摄入膳食结构特征。2014 年环境保护部发布的《中国人群环境暴露行为模式研究报告》中饮食摄入量的暴露参数主要分为 3 个类别，即每日摄入谷薯类食物 250 ～ 400 g，每日摄入蛋白质食物 150 ～ 200 g，每日摄入 5 种以上新鲜蔬果。因此，本章主要研究分析中国人群在 2020 年初每日摄入谷薯类食物 250 ～ 400 g，每日摄入蛋白质食物 150 ～ 200 g，每日摄入 5 种以上新鲜蔬果，这三种膳食行为特征。

9.1 2020 年初中国人群饮食摄入量比例的分布

2020 年初流行性呼吸系统疾病传播期间中国人群饮食摄入量比例见表 9-1。整体上来看，在此期间中国人群满足每日摄入谷薯类食物 250 ～ 400 g 和蛋白质食物 150 ～ 200 g 的比例在 80% 以上，而满足每日摄入 5 种以上新鲜蔬果的人群比例处于 40% ～ 60%。从性别上看，女性满足每日摄入蛋白质食物 150 ～ 200 g 和 5 种以上新鲜蔬果的比例高于男性。从年龄上看，45 ～ 59 岁人群每日摄入谷薯类 250 ～ 400 g 和蛋白质食物 150 ～ 200 g 比例最高，而 60 岁及以上老年人则更注重对新鲜蔬果的摄入。从城乡上看，农村地区人群满足每日摄入谷薯类食物 250 ～ 400 g 的比例比城市地区人群比例高，而城市地区人群满足每日摄入蛋白质食物 150 ～ 200 g 和 5 种以上新鲜蔬果的比例则相对更高。从不同片区来看，华北、华东、华南、西北、东北、西南 6 个片区人群满足每日摄入谷薯类食物 250 ～ 400 g 和蛋白质食物 150 ～ 200 g 的比例在 80% 以上，其中华东地区人群满足每日摄入蛋白质食物 150 ～ 200 g 的比例在 90%，而各片区人群针对新鲜蔬果的摄入量整体偏低，都处于 50% 以下，其中华南地区和西南地区人群满足每天摄入 5 种以上新鲜蔬果的比例最低，分别为 35.6% 和 38.2%，其他片区比例相差不大。2020 年初流行性疾病传播期间中国人群分区域、城乡、性别、年龄的饮食摄入量比例分布情况具体见附表 9-1 至附表 9-3。

表9-1 2020年初中国人群饮食摄入量比例

类别		样本量	饮食摄入量比例（%）		
			每日摄入谷薯类食物250～400 g	每日摄入蛋白质食物（瘦肉、蛋等）150～200 g	每日摄入5种以上新鲜蔬果
合计		7 784	84.2	87.7	43.6
性别	男	3 364	84.6	87.5	40.6
	女	4 420	83.9	87.8	45.9
年龄	＜18 岁	183	83.1	88.0	56.3
	18～29 岁	4 626	83.0	87.3	40.7
	30～44 岁	1 920	84.4	87.3	45.3
	45～59 岁	952	89.7	90.7	50.0
	≥60 岁	103	84.5	83.5	60.2
城乡	城市	5 890	84.0	88.0	44.5
	农村	1 894	84.7	86.5	40.9
片区	华北	1 927	85.0	88.1	47.6
	华东	1 685	85.0	90.0	42.4
	华南	1 126	84.6	86.2	35.6
	西北	1 255	83.2	86.9	48.7
	东北	726	82.9	87.3	47.1
	西南	1 065	83.0	85.7	38.2

9.2 2020 年初不同流行性呼吸系统疾病传播等级地区的人群饮食摄入量

2020 年初不同流行性呼吸系统疾病传播等级地区人群饮食摄入量比例见表 9-2。从不同等级来看，四级地区人群满足每日摄入谷薯类食物 250 ～ 400 g 和蛋白质食物 150 ～ 200 g 的比例最高，分别为 85.7% 和 89.0%；而相比于其他地区，湖北作为传播等级最高的地区，满足各类饮食每日摄入量的比例也最低，分别为 81.8%、79.0% 和 32.3%；流行性呼吸系统疾病传播等级较低的地区（一级、二级和三级地区）人群满足摄入 5 种以上新鲜蔬果的比例相对较高，分别为 53.7%、46.0% 和 43.2%，随着等级的提升，人群满足每日摄入 5 种以上新鲜蔬果的比例呈现逐渐下降的趋势。这可能是由于在流行性呼吸系统疾病传播较严重的地区，会出现各类生活资源匮乏或食品短期无法充足供应的现象，人群在一定程度上无法满足对于新鲜蔬果的摄入要求。2020 年初流行性呼吸系统疾病传播期间中国人群分等级、城乡、性别、年龄的饮食摄入量比例分布情况具体见附表 9-4。

表9-2 2020年初不同流行性疾病传播等级地区人群饮食摄入量比例

流行性疾病传播等级	样本量	饮食摄入量比例（%）		
		每日摄入谷薯类食物250～400 g	每日摄入蛋白质食物（瘦肉、蛋等）150～200 g	每日摄入5种以上新鲜蔬果
合计	7 784	84.2	87.7	43.6
一级	523	84.3	88.1	53.7
二级	2 561	83.5	87.2	46.0
三级	2 915	84.4	88.5	43.2
四级	1 395	85.7	89.0	39.4
五级	390	81.8	79.0	32.3

9.3 本章总结

（1）2020 年初流行性呼吸系统疾病传播期间中国人群满足每日摄入谷薯类食物 250 ～ 400 g 和蛋白质食物 150 ～ 200 g 的比例较高，均达到 80% 以上，而满足每日 5 种以上新鲜蔬果的摄入量的比例则相对偏低，处于 40% ～ 60%，居民整体饮食习惯偏向于主食和肉蛋等蛋白质食物。

（2）女性每日摄入 5 种以上新鲜蔬果的人群占比（45.9%）高于男性（40.6%），45 ～ 59 岁人群每日摄入谷薯类食物 250 ～ 400 g 的人群占比（89.7%）比其他年龄段高，城市地区人群每日摄入蛋白质食物（瘦肉、蛋等）150 ～ 200 g 和每日摄入 5 种以上新鲜蔬果的人群占比均比农村高，华东地区每日摄入蛋白质食物（瘦肉、蛋等）150 ～ 200 g

的人群比例（90.0%）较其他片区高，而每日摄入5种以上新鲜蔬果人群占比最高的是西北地区（48.7%）。

（3）总体上，流行性呼吸系统疾病传播期间，流行性呼吸系统疾病传播程度较为严重的地区对三类食物的摄入量比例比其他地区低；在此期间，中国人群更偏向摄入谷薯类食物和蛋白质食物，而新鲜蔬果的摄入比例相对不足。

参考文献

蒋玉梅，简文，江孟蝶，2020. 膳食营养与癌症预防的研究进展 [J]. 食品安全质量检测学报，11（24）：9475-9480.

李丹，高阳俊，耿春女，等，2015. 食物链途径人体健康风险评估的关键内容探讨 [J]. 环境化学，34（3）：431-440.

李靓，朱涵彬，李长滨，等，2021. 新型冠状病毒肺炎疫情期间的科学膳食 [J]. 江苏调味副食品，40（1）：42-44.

潘根兴，Andrew C C，Albert L P，2002. 土壤—作物污染物迁移分配与食物安全的评价模型及其应用 [J]. 应用生态学报，13(7)：854-858.

孙强，张家国，2013. 提高老年人免疫力的合理膳食分析与建议 [J]. 食品研究与开发，34（21）：105-106.

殷峰林，2015. 食物搭配中的营养科学分析 [J]. 食品安全导刊，9（15）：87-88.

FERRECCIO C，GONZÁLEZ C，MILOSAVJLEVIC V，et al.，2000. Lung cancer and arsenic concentrations in drinking water in Chile[J]. Epidemiology (Cambridge，Mass.)，11(6): 673-679.

SMEDLE P L，KINNIBURGH D G，2002. A review of the source，behaviour and distribution of arsenic in natural waters[J]. Applied Geochemistry，17(5): 517-568.

USEPA，2011. Exposure factors handbook[S]. EPA/600/R-09/052F. Washington DC: U.S.EPA.

10 运动类型和时间

运动时间是指每天运动的时间总长（min/d）。运动频次指的是在一定时间内运动的次数（次 / 周）。研究表明，进行适当的体力活动在维持健康方面起着关键作用。一方面，有规律的体力活动可以保留 T 淋巴细胞功能以提高免疫力（Bruunsgard，2005；Lowder et al.，2005；Woods，2005）；另一方面，体育锻炼可以减少炎症（Kohut et al.，2004），也可以刺激抗炎因子的产生。因此，进行适当的体育锻炼有利于提高免疫力并降低感染风险，开展人群运动行为的研究可为人群身体素质评估、健康风险防护因素的识别等提供基础数据和依据，也能为流行性疾病防范措施的制定提供参考和依据。

受天气、温度、湿度以及个人的实际情况等因素的影响，不同人群的运动行为可能存在差异。2020 年初流行性呼吸系统疾病传播期间中国人群环境暴露行为模式研究调查的运动类型包括 14 种，分别为散步、慢跑、瑜伽、仰卧起坐、深蹲、俯卧撑、健美操、羽毛球、篮球、乒乓球、网球、健身房器材训练、跳绳和太极。

10.1 2020 年初中国人群运动频次、时间及运动类型的分布

10.1.1 2020 年初中国人群的运动频次

2020年初中国人群有40.8%的人没有运动行为，男性运动的比例高于女性，45 ～ 59 岁人群的运动比例最高（68.7%），30 ～ 44 岁人群的运动比例最低（57.3%），农村地区人群的运动比例高于城市人群，华北地区人群运动比例最高（62.2%），东北地区运动比例最低（54.5%）。对于具有运动行为的人群来说，大多数人的运动频次为 3 次 / 周或者 7 次 / 周。从性别分布来看，女性整体的运动频次低于男性，大多数女性的运动频次为 3 次 / 周，占比 12.5%，而大多数男性的运动频次为 7 次 / 周，占比 14.5%。从年龄分组来说，能保证每天运动的人中，60

岁及以上的人群运动的频次最高。在各年龄段中，选择 7 次 / 周的人群比例最高，小于 18 岁的人群占比 16.4%，18 ～ 29 岁人群占比 13.0%，30 ～ 44 岁人群占比 11.1%，45 ～ 59 岁人群占比 13.1%，60 岁及以上人群占比 22.3%。从城乡分布来看，城市地区中有 12.8% 的人群选择一周运动 7 次，而农村地区有 12.7% 的人群选择这一频次，针对 3 次 / 周这一频次，城市地区和农村地区分别有 12.4% 和 13.6% 的人群选择。从片区分布来看，东北地区不运动的人的比例最高，为 45.5%，华北地区不运动的人的比例最低，仅为 37.8%。对于不同片区，选择人数最多的频次分别是 3 次 / 周或者 7 次 / 周。2020 年初中国人群运动频次数据分布见表 10-1，2020 年初中国人群按区域、城乡、性别、年龄分布的运动频次见附表 10-1 至附表 10-3。

表10-1　2020年初中国人群的运动频次

类别		样本量	运动频次分布（次/周）（%）										
			0	1	2	3	4	5	6	7	8	9	10
合计		7 784	40.8	5.4	8.1	12.7	6.3	9.4	3.1	12.8	0.2	0.0	0.2
性别	男	3 364	39.4	4.9	7.7	13.0	6.3	9.4	2.8	14.5	0.3	0.0	1.6
	女	4 420	41.9	5.7	8.4	12.5	6.3	9.3	3.3	11.4	0.1	0.0	1.0
年龄	＜18 岁	183	33.3	4.9	7.7	13.7	8.2	10.4	2.2	16.4	0.5	0.0	2.7
	18～29 岁	4 626	42.3	4.9	7.4	12.5	6.9	9.0	2.9	13.0	0.2	0.0	1.0
	30～44 岁	1 920	42.7	5.7	9.5	13.0	4.9	9.4	2.2	11.1	0.3	0.0	1.3
	45～59 岁	952	31.3	7.4	9.3	13.7	6.5	11.0	5.8	13.1	0.0	0.0	1.9
	≥60 岁	103	38.8	4.9	5.8	8.7	1.9	8.7	3.9	22.3	1.0	0.0	3.9
城乡	城市	5 890	41.0	5.3	8.1	12.4	6.5	9.4	3.1	12.8	0.2	0.0	1.1
	农村	1 894	40.1	5.5	8.2	13.6	5.9	9.1	3.2	12.7	0.2	0.0	1.6
片区	华北	1 927	37.8	4.7	8.0	12.8	6.7	10.1	3.5	14.7	0.2	0.1	1.4
	华东	1 685	44.5	4.5	7.2	13.3	6.6	8.1	3.0	12.0	0.1	0.0	0.8
	华南	1 126	39.7	6.0	9.1	13.9	5.8	9.4	2.2	12.7	0.2	0.0	1.2
	西北	1 255	39.3	6.2	7.8	13.3	6.2	10.0	2.9	12.0	0.4	0.0	1.9
	东北	726	45.5	6.3	6.5	8.7	5.8	9.5	3.0	13.4	0.3	0.0	1.1
	西南	1 065	40.1	5.8	10.2	12.6	6.2	9.0	3.8	11.0	0.2	0.0	1.1

10.1.2 2020 年初中国人群的运动时间

2020 年初中国人群的运动时间为 11.8 min/d。男性运动时间为 12.7 min/d，高于女性运动时间（11.1 min/d）；从年龄分布来看，2020 年初中国人群的运动时间随着年龄的增长呈现先降低后升高的趋势，年龄 30 ～ 44 岁的人群运动时间最低，60 岁及以上人群的运动时间最高；从城乡分布来看，农村地区人群的运动时间（11.9 min/d）略高于城市地区人群（11.7 min/d），但是二者之间无显著的差异；从片区分布来看，西北地区人群的日均运动时间最长，为 12.9 min/d，华东地区人群的日均运动时间最短，为 10.9 min/d。2020 年初中国人群运动时间见表 10-2，中国人群按区域、城乡、性别、年龄分布的运动时间见附表 10-5 至附表 10-7。

表10-2 2020年初中国人群的运动时间

类别		样本量	运动时间（min/d）				
			P5	P25	P50	P75	P95
合计		7 784	9.9	10.8	11.8	12.8	13.6
性别	男	3 364	10.7	11.6	12.7	13.9	14.8
	女	4 420	9.3	10.1	11.1	12.0	12.8
年龄	＜18 岁	183	11.4	12.4	13.6	14.8	15.7
	18～29 岁	4 626	10.2	11.0	12.0	13.0	13.8
	30～44 岁	1 920	8.3	9.0	10.0	10.9	11.7
	45～59 岁	952	11.2	12.2	13.3	14.5	15.5
	≥60 岁	103	15.8	16.8	17.9	19.1	20.1
城乡	城市	5 890	9.9	10.7	11.7	12.8	13.6
	农村	1 894	10.0	10.9	11.9	13.0	13.8
片区	华北	1 927	9.9	10.8	11.8	12.9	13.7
	华东	1 685	9.2	10.0	10.9	11.8	12.5
	华南	1 126	10.1	11.0	12.1	13.2	14.1
	西北	1 255	10.9	11.8	12.9	14.0	14.9
	东北	726	9.8	10.6	11.6	12.6	13.4
	西南	1 065	9.8	10.7	11.7	12.7	13.5

10.1.3　2020 年初中国人群的运动类型

2020 年初中国人群有 13.6% 的人选择散步，其次是瑜伽和仰卧起坐，分别占到了 7.4% 和 6.7%。从性别来看，分别有 15.6%、12.0%、6.9% 的男性选择散步、俯卧撑和慢跑，分别有 12.4%、12.1%、8.4% 的女性选择瑜伽、散步和健美操。从年龄分布来看，选择散步这一运动方式的人群的比例随着年龄的增加而增加，而选择打羽毛球和仰卧起坐的人群随着年龄的增加而降低。从城乡分布来看，农村（14.0%）选择散步的人群比例略高于城市（13.5%），城市排名前三的运动类型为散步（13.5%）、瑜伽（7.8%）和仰卧起坐（7.0%），而农村排名前三的运动类型为散步（14.0%）、俯卧撑（6.4%）和瑜伽（6.2%）。从片区分布来看，除东北地区外，其余地区排名前三的运动类型均为散步、瑜伽和仰卧起坐；东北地区排名前三的运动类型为散步、瑜伽和健美操。西南地区选择散步的人群比例最高，为 16.0%，华东地区选择散步的人群比例最低，为 12.0%；东北地区选择瑜伽这一运动类型的比例最高，为 8.8%，华东地区选择瑜伽的人数比例最低，为 6.2%；西北地区选择仰卧起坐的人数比例最高，为 8.7%，东北地区仰卧起坐的人数比例最低，为 5.1%。2020 年初中国人群运动类型见表 10-3，2020 年初中国人群按城乡、性别、年龄分布的运动类型见附表 10-9。

10.2　2020 年初不同流行性呼吸系统疾病传播等级地区人群运动频次、时间及运动类型

不同流行性呼吸系统疾病传播等级下，中国人群运动的时间、频次和运动类型有所不同。从运动频次来看，除了五级地区外，随着流行性呼吸系统疾病传播等级的增加中国人群运动的人数比例显著下降，一级地区不运动的比例最低，为 31.7%，四级地区不运动的人数比例最高，为 44.9%。从运动时间来看，随着流行性呼吸系统疾病传播等级的升高，运动时间整体上呈现下降的趋势，一级地区人群的运动时间最高，为 12.6 min/d，五级地区的人群运动时间最低，为 10.8 min/d。从运动类型来看，不同的流行性呼吸系统疾病传播等级下，各等级地区排名前三的运动类型比较一致，均为散步、瑜伽和仰卧起坐；各等级地区

表10-3　2020年初中国人群运动类型

类别		样本量	运动类型分布（%）														
			散步	慢跑	瑜伽	仰卧起坐	蹲起	俯卧撑	健美操	羽毛球	篮球	乒乓球	网球	健身房器材训练	跳绳	太极	其他
合计		7 784	13.6	5.3	7.4	6.7	4.0	5.7	5.3	3.3	1.3	0.7	0.1	2.0	2.7	1.0	0.1
性别	男	3 364	15.6	6.9	0.9	6.2	4.4	12.0	1.2	2.7	2.6	1.0	0.1	2.9	2.9	0.7	0.2
	女	4 420	12.1	4.0	12.4	7.1	3.7	0.9	8.4	3.8	0.2	0.5	0.0	1.2	2.6	1.2	0.1
年龄	＜18 岁	183	9.3	3.8	3.3	15.3	3.3	6.6	4.4	11.5	1.6	2.7	0.0	1.6	1.1	2.2	0.0
	18～29 岁	4 626	11.2	4.9	8.5	7.0	3.1	6.3	4.2	4.1	1.9	0.6	0.1	2.0	2.8	1.0	0.1
	30～44 岁	1 920	12.9	5.7	6.7	6.1	5.5	5.3	6.3	1.9	0.2	0.5	0.0	2.2	2.7	1.3	0.1
	45～59 岁	952	25.8	6.8	5.1	5.8	5.7	3.3	8.9	1.3	0.1	1.1	0.0	0.9	2.8	0.6	0.4
	≥60 岁	103	28.2	3.9	2.9	1.0	1.9	6.8	6.8	0.0	1.0	0.0	0.0	3.9	4.9	0.0	0.0
城乡	城市	5 890	13.5	5.2	7.8	7.0	4.1	5.4	5.7	2.5	0.8	0.6	0.1	2.2	2.9	1.0	0.1
	农村	1 894	14.0	5.5	6.2	5.8	3.6	6.4	4.0	5.9	2.6	1.0	0.2	1.1	2.3	1.1	0.2
片区	华北	1 927	13.2	5.6	8.0	7.1	4.6	6.1	5.6	3.7	0.7	0.6	0.1	2.9	2.6	1.0	0.3
	华东	1 685	12.0	5.0	6.2	6.0	3.3	5.8	4.5	4.9	1.0	0.9	0.0	1.5	2.7	1.5	0.1
	华南	1 126	14.0	4.5	6.6	7.0	4.7	4.5	6.0	4.1	1.6	0.9	0.1	1.3	3.1	1.7	0.1
	西北	1 255	13.8	6.4	8.7	8.7	4.5	6.2	4.9	1.7	0.8	0.5	0.1	1.6	2.5	0.4	0.1
	东北	726	13.9	3.9	8.8	5.1	4.1	6.5	6.6	0.6	0.6	0.1	0.0	1.7	2.5	0.3	0.0
	西南	1 065	16.0	5.6	6.9	5.7	2.5	4.7	5.1	2.9	3.4	0.8	0.2	2.3	3.0	0.8	0.2

选择散步的人群比例均为最高，其中，流行性呼吸系统疾病传播等级为一级的地区人群散步比例最高，为 17.4%。除了五级地区外，选择瑜伽这一运动类型的比例随着流行性呼吸系统疾病传播等级的升高而降低，四级地区人群选择瑜伽的人数比例最低，为 5.9%。2020 年初不同流行性呼吸系统疾病传播等级下中国人群运动行为分布特征见表 10-4 至表 10-6，按流行性呼吸系统疾病传播等级、城乡、性别、年龄分布的中国人群运动行为见附表 10-4 和附表 10-8。

表10-4　2020年初不同流行性呼吸系统疾病传播等级地区人群的运动频次

流行性呼吸系统疾病传播等级	样本量	运动频次（次/周）（%）										
		0	1	2	3	4	5	6	7	8	9	10
合计	7 784	40.8	13.6	5.3	7.4	6.7	4.0	5.7	5.3	3.3	1.3	0.7
一级	523	31.7	17.4	7.1	9.0	8.6	6.1	5.2	6.3	1.3	2.5	0.4
二级	2 561	40.5	14.5	5.2	8.2	6.8	4.5	6.1	5.1	1.6	1.6	0.4
三级	2 915	41.3	12.1	5.6	7.2	6.8	3.3	6.0	5.2	4.0	0.9	0.9
四级	1 395	44.9	13.8	4.4	5.9	5.1	3.2	4.7	4.9	5.2	1.3	0.9
五级	390	36.2	12.8	4.4	7.7	8.7	5.6	4.4	7.2	4.9	0.8	0.8

表10-5　2020年初不同流行性疾病传播等级地区人群的运动时间分布

流行性呼吸系统疾病传播等级	样本量	运动时间（min/d）				
		P5	P25	P50	P75	P95
合计	7 784	9.9	10.8	11.8	12.8	13.6
一级	523	10.7	11.5	12.6	13.7	14.6
二级	2 561	9.8	10.7	11.8	12.8	13.7
三级	2 915	10.2	11.0	12.0	13.1	13.9
四级	1 395	9.6	10.4	11.3	12.3	13.1
五级	390	8.9	9.7	10.8	11.8	12.7

表10-6　2020年初不同流行性呼吸系统疾病传播等级地区人群的运动类型分布

流行性呼吸系统疾病传播等级	样本量	运动类型（%）														
		散步	慢跑	瑜伽	仰卧起坐	蹲起	俯卧撑	健美操	羽毛球	篮球	乒乓球	网球	健身房器材训练	跳绳	太极	其他
合计	7 784	13.6	5.3	7.4	6.7	4.0	5.7	5.3	3.3	1.3	0.7	0.1	2.0	2.7	1.0	0.1
一级	523	17.4	7.1	9.0	8.6	6.1	5.2	6.3	1.3	2.5	0.4	0.0	2.1	1.9	0.4	0.0
二级	2 561	14.5	5.2	8.2	6.8	4.5	6.1	5.1	1.6	1.6	0.4	0.1	1.9	2.9	0.5	0.1
三级	2 915	12.1	5.6	7.2	6.8	3.3	6.0	5.2	4.0	0.9	0.9	0.1	2.4	2.7	1.1	0.2
四级	1 395	13.8	4.4	5.9	5.1	3.2	4.7	4.9	5.2	1.3	0.9	0.0	1.2	2.5	1.7	0.1
五级	390	12.8	4.4	7.7	8.7	5.6	4.4	7.2	4.9	0.8	0.8	0.3	1.0	3.3	2.1	0.0

10.3 本章总结

（1）2020 年初流行性呼吸系统疾病传播期间，中国人群的运动时间、频次和运动类型在不同的性别、年龄、城乡、片区、流行性疾病传播等级下的分布显著不同。在此期间，有 40.8% 的人无运动行为；男性运动的人群比例（60.6%）高于女性（58.1%），45 ～ 59 岁人群的运动比例最高（68.7%），30 ～ 44 岁人群的运动比例最低（57.3%）；农村地区人群的运动比例（59.9%）高于城市人群（59.0%），华北地区人群运动比例最高（62.2%），东北地区运动比例最低（54.5%）。

（2）对于具有运动行为的人群来说，约 12.8% 的人群的运动频次为 3 次 / 周或者 7 次 / 周；女性整体的运动频次低于男性，女性的运动频次多为 3 次 / 周（12.5%），男性的运动频次主要为 7 次 / 周（14.5%）；60 岁及以上的人群运动的频次最高；各年龄段人群均是 7 次 / 周的比例最高；城市和农村地区一周运动 7 次的人群占比差别不大；各片区选择人数最多的运动频次分别是 3 次 / 周或者 7 次 / 周。

（3）2020 年初中国人群的运动时间为 11.8 min/d，男性运动时间（12.7 min/d）高于女性运动时间（11.1 min/d）；随着年龄的增长，中国人群的运动时间呈现先降低后升高的趋势，年龄 30 ～ 44 岁的人群运动时间最低，60 岁及以上人群的运动时间最高；农村与城市地区人群的运动时间无显著的差异；西北地区人群的日均运动时间最长（12.9 min/d），华东地区人群的日均运动时间最短（10.9 min/d）。

（4）2020 年初中国人群有 13.6% 的人选择散步，其次是瑜伽和仰卧起坐，分别占到了 7.4% 和 6.7%。城市地区排名前三的运动类型为散步（13.5%）、瑜伽（7.8%）和仰卧起坐（7.0%），而农村排名前三的运动类型为散步（14.0%）、俯卧撑（6.4%）和瑜伽（6.2%）。

（5）除了五级地区外，随着流行性呼吸系统疾病传播等级的增加，中国人群运动的人数比例显著下降，运动时间整体上呈现下降的趋势；各等级地区排名前三的运动类型比较一致，均为散步、瑜伽和仰卧起坐；各等级地区选择散步的人群比例均为最高。

参考文献

BRUUNSGARD H, 2005. Physical activity and modulation of systemic low-level inflammation[J]. Journal of leukocyte biology, 78(4): 819-835.

KOHUT M L, SENCHINA D S, 2004. Reversing age-associated immunosene-scence via exercise[J]. Exercise immunology review, 10: 6-41.

LOWDER T, PADGETT D A, WOODS J A, 2005. Moderate exercise protects mice from death due to influenza virus[J]. Brain, behavior, and immunity, 19(5): 377-380.

WOODS J A, 2005. Physical activity, exercise, and immune function[J]. Brain, behavior, and immunity, 19(5): 369-370.

11 小区防护措施

社区是社会的基本单元，是群众常年居住生活的场所（冯瑞华，2018）。社区是公共卫生安全联防联控的第一线，也是外防输入、内防扩散最有效的防线。2020 年 1 月 25 日，中国疾病预防控制中心发布了关于加强流行性呼吸系统疾病社区防控工作的通知。习近平总书记在此期间指出，要强化社区防控网格化管理，防止流行性呼吸系统疾病蔓延；要充分发挥社区在流行性呼吸系统疾病防控中的阻击作用，加强社区各项措施的落实，使所有社区成为流行性呼吸系统疾病防控的坚强堡垒。有研究证实，控制病毒传播，防控危机发展，最有效的手段就是限制人员流动，实行物理隔离，阻断病毒传播渠道（孙艳萍等，2015）。发挥社区在公共卫生危机防控中的重要作用，减少人员往来，有利于发现隐性感染者，找出传染源，早发现、早报告、早隔离、早治疗，有效切断病毒扩散蔓延的渠道，控制并战胜传染病发展（Kruger，2006；胡秀英等，2020）。因此，有必要对社区在公共卫生应急治理中的政策措施进行研究，以更好地发挥社区的重要作用。

在流行性呼吸系统疾病等突发公共卫生事件中，社区发挥着管理与自治的功能。2020 年初中国人群环境暴露行为模式研究调查的社区应激管控措施主要包括 4 个方面：①全面消毒；②控制居民进出人次；③小区隔离，配送食品；④进出测温，实名登记。

11.1 2020 年初中国人群居住小区防护措施的分布

2002 年初中国人群的居住小区管控措施执行较好，有 77.2% 的人群居住小区或村庄实行全面消毒，91.1% 的人群居住小区或村庄控制居民进出人次，86.8% 的人群居住小区或村庄实行进出测温并实名登记的措施，43.9% 的人群居住小区或村庄实行小区隔离、配送食品。各项措施分布情况见表 11-1。

表11-1 2020年初中国人群居住小区管控措施分布

类别		样本量	小区或村庄进行全面消毒（%）	小区或村庄控制居民进出人次（%）	小区或村庄小区隔离，配送食品（%）	小区或村庄进出测温，实名登记（%）
合计		7 784	77.2	91.1	43.9	86.8
城乡	城市	5 890	81.5	90.2	44.8	88.8
	农村	1 894	63.7	93.9	41.2	80.6
片区	华北	1 927	80.4	91.0	42.3	90.0
	华东	1 685	70.3	92.0	39.4	86.6
	华南	1 126	73.8	88.3	50.1	86.5
	西北	1 255	88.5	95.6	54.6	92.8
	东北	726	79.3	86.6	41.7	76.9
	西南	1 065	71.0	90.6	36.4	81.5

2020 年初中国人群中有 77.2% 的居住小区或村庄实行全面消毒。从城乡分布来看，城市的居住小区或村庄有 81.5% 实行全面消毒，农村的居住小区或村庄有 63.7% 实行全面消毒，低于城市的居住小区或村庄。从片区分布来看，西北地区的居住小区或村庄实行全面消毒的比例最高，为 88.5%；其次是华北地区，为 80.4%；实行全面消毒比例最低的地区为华东地区，70.3% 的居住小区或村庄实行全面消毒。总体来看，研究期间各地区小区或村庄采取消毒措施的比例较高，消毒工作是由社区组织人员对道路、电梯和居民生活区等区域进行消毒处理，这是社区流行病防控的常态性工作（王树民等，2020）。有研究提出，室内非光催化消杀材料与高效滤除、紫外、臭氧等其他技术复合形成室内病原体消杀整体方案，对于预防传染性疾病具有积极的作用（王莲等，2020）。根据气溶胶的传播特征及以气溶胶为传播途径的疾病病原学特征，探讨病毒气溶胶传播途径的可能性，并提出与气溶胶传播相应的防护策略极为重要（余怡娴等，2020）。采用科学有效的消毒方式、加强消毒健康教育宣传，对于阻止病毒气溶胶传播、降低公共场所传播风险具有重要意义。

2020 年初中国人群中有 91.1% 的居住小区或村庄实行居民进出人次控制。从城乡分布来看，城市有 90.2% 的人群其居住小区或村庄实行居民进出人次控制，农村有 93.9% 的人群其居住小区或村庄实行居民进出人次控制，高于城市的居住小区或村庄；从片区分布来看，西北地区的居住小区或村庄实行居民进出人次控制的比例最高，为 95.6%；其次是华东地区，为 92.0%；实行居民进出人次控制的小区或村庄比例最低的地区为华南地区，为 88.3%。社区实行居民进出人次控制主要是为了减少人员流动带来的感染风险，强化传染病预防措施，属于基础防控干预，可最大程度降低病毒传播的风险，维护社区环境安全。

针对流行性呼吸系统疾病的传播，风险区采取人员隔离是对居民进行针对性干预的一种措施，通过感染筛查、针对性居家管理，能将疾病传播率降至最低（张莉等，2021）。了解社区家庭防控物品的配置情况，针对缺乏者及时补充，并对居民进行饮食生活指导，有助于在社区管理中融入情感治理，建立社区情感共同体，增强社区居民对流行病防控工作的认同感，可以防止管理决策过程中出现的偏差和谬误。发挥社区作为城市的基本结构和功能单元在流行性呼吸系统疾病防控全局中的基础性地位，在公共卫生危机中做好保证居民安全、保障居民生活，最终使整个城市提高对抗危机的能力（杨灿，2020）。2020 年初中国人群中有 43.9% 的居住小区或村庄实行隔离，配送食品。从城乡分布来看，城市有 44.8% 的人群居住小区或村庄实行隔离，配送食品，农村的居住小区或村庄有 41.2% 实行隔离，配送食品，低于城市的居住小区或村庄；从片区分布来看，西北地区人群的居住小区或村庄实行隔离，配送食品的比例最高，为 54.6%，其次是华南地区，为 50.1%，实行隔离，配送食品比例最低的地区为西南地区，人群占比为 36.4%。

进出实名登记有助于掌握社区居民流动信息和健康状态，及时排查体温异常人员进行后续转诊和隔离治疗，是社区应急治理重要的举措。研究期间中国人群中有 86.8% 的居住小区或村庄实行进出测温，实名登记。从城乡分布来看，城市的居住小区或村庄有 88.8% 实行进出测温，实名登记；农村的居住小区或村庄有 80.6% 实行进出测温，实名登记，低于城市的居住小区或村庄。从片区分布来看，西北地区居民的居住小区或村庄实行进出测温，实名登记的比例最高，为 92.8%，其次是华北地区，为 90.0%，东北实行进出测温，实名登记的比例最低，人群占比仅为 76.9%。

11.2 2020 年初不同流行性呼吸系统疾病传播等级地区小区防护措施的分布

将社区根据不同风险等级划分单元，可以进一步厘清政策的优次顺序和职权责任，为城乡地区的空间管控作必要准备。不同流行性呼吸系统疾病传播等级下居民的实际生活需求，尤其是刚性生活需求存在差异，明确配套设施的空间归属，实现社区医疗服务和基本生活配套等内部服务系统的资源优质分配，可以进一步为居民日常生活的就地化解决提供便利。不同等级下的差异化防控可以促进独立活动单元的形成，衔接生活圈空间和行政管理单元，在城市内部形成“分级分等”的防控效果（张科等，2021）。

2020 年初不同流行性呼吸系统疾病传播等级地区的小区防护措施分布见表 11-2。从不同等级来看，一级地区人群居住的小区或村庄实行全面消毒的比例最高，为 92.5%，其次是五级地区，为 84.4%；四级地区的小区或村庄实行全面消毒的比例最低，为 69.2%。五级地区人群居住的小区或村庄实行居民进出人次控制的比例最高，为 98.5%，其次是一级地区，为 92.7%；四级地区人群居住的小区或村庄实行居民进出人次控制的比例最低，为 89.7%。五级地区人群居住的小区或村庄实行隔离，配送食品的比例最高，为 87.2%，其次是一级地区，为 49.5%；四级地区人群居住的小区或村庄实行隔离，配送食品的比例最低，为 37.5%。五级地区人群居住的小区或村庄实行进出测温，实名登记的比例最高，为 92.1%，其次是一级地区，为 89.7%；二级地区人群居住的小区或村庄实行进出测温，实名登记的比例最低，为 84.3%。

表11-2 2020年初不同流行性呼吸系统疾病传播等级地区人群居住小区的管控措施分布

流行性呼吸系统疾病传播等级	样本量	小区或村庄是否进行全面消毒（%）	小区或村庄是否控制居民进出人次（%）	小区或村庄是否小区隔离，配送食品（%）	小区或村庄是否进出测温，实名登记（%）
合计	7 784	77.2	91.1	43.9	86.8
一级	523	92.5	92.7	49.5	89.7

续表

流行性呼吸系统疾病传播等级	样本量	小区或村庄是否进行全面消毒（%）	小区或村庄是否控制居民进出人次（%）	小区或村庄是否小区隔离，配送食品（%）	小区或村庄是否进出测温，实名登记（%）
二级	2 561	77.4	90.2	43.1	84.3
三级	2 915	77.1	91.4	41.0	88.7
四级	1 395	69.2	89.7	37.5	85.2
五级	390	84.4	98.5	87.2	92.1

2020 年初中国人群居住小区分区域、流行性呼吸系统疾病传播等级、城乡、是否有病例的管控措施分布详情见附表 11-1 至附表 11-7。

11.3 本章总结

（1）2020 年初流行性呼吸系统疾病传播期间中国人群居住的小区或村庄防控措施的实施率总体较高。77.2% 的人群居住小区或村庄采取了全面消毒这一措施；91.1% 的人群居住小区或村庄采取了控制居民进出人次的措施；43.9% 的居住小区或村庄采取了隔离、配送食品的措施；86.8% 的人群居住小区或村庄采取了进出测温，实名登记的措施。

（2）各项防控措施的执行情况在不同地区存在差异。城市地区人群采取小区或村庄进行全面消毒的比例（81.5%）显著高于农村地区人群；小区或村庄进行全面消毒的人群占比最高为西北地区，最低为华东地区；采取小区或村庄控制居民进出人次和小区或村庄进出测温、实名登记这两项措施的，西北地区人群占比均最高，东北地区均最低；小区或村庄小区隔离、配送食品这一措施执行最好的是西北地区，最差的是西南地区。总体上，西北地区的小区或村庄四项管控措施实施率均处于较高水平。

（3）流行性呼吸系统疾病传播等级五级地区（湖北），四项防控措施的实施率均在 80% 以上；除五级地区外，随着流行性呼吸系统疾病传播等级的提升，采取各项防控措施的人群占比总体呈现下降趋势。

（4）社区管控可以有效限制人员流动，实行物理隔离，阻断病毒传播渠道，有利于发现隐性感染者，从而有效切断扩散蔓延的渠道，控制并战胜危机。在城市社区更新与建设方面，针对我国当前形势及政策要求，建议探究公共卫生危机下城市社区的管控措施有助于明确未来小区管理政策和手段的发展趋势，以期达到管控措施科学化和针对化的目的，提升城市居住社区的品质感和安全性。

参考文献

冯瑞华，2018. 浅议现代城市居住社区的公共空间设计 [J]. 区域治理（23）：33.

胡秀英，甘华田，程南生，2020. 网格化管理对社区疫情防控的作用及对基层社区卫生服务体系建设的启示 [J]. 中华现代护理杂志，26（18）：2386-2390.

孙艳萍，李博，梁晓夏，等，2015.2005—2012 年甲型病毒性肝炎流行病学特征分析 [J]. 社区医学杂志，13（14）：33-35.

王莲，马金珠，贺泓，2020. 室内生物气溶胶消杀措施及启示 [J]. 环境工程学报，14（7）：1710-1717.

王树民，邢祥鹤，林蓉蓉，2020. 新冠肺炎疫情背景下社区防疫工作的现状及完善路径探究 [J]. 广东行政学院学报，32（3）：41-46.

杨灿，2020. 公共卫生危机下的社区建设与管理 [J]. 中国住宅设施（4）：28-33.

余怡娴，孙黎，姚可，等，2020. 新型冠状病毒气溶胶传播途径的思考及防控建议 [J]. 中华眼科杂志，56（9）：653-656.

张科，张森，张萌，等，2021. 武汉疫情社区空间特征与 " 防疫圈层 " 策略研究 [J]. 灾害学，36（4）：175-180，227.

张莉，刘宏新，鲍伟，等，2021. 新型冠状病毒感染疫情的社区防控 [J]. 中国社区医师，37（21）：179-180.

KRUGER H S，2006. Community health workers can play an important role in the prevention and control of non-communicable diseases in poor communities[J]. South African Journal of Clinical Nutrition，19(2): 52-54.

12 医疗废物收处防护措施

医疗废物是指医院、卫生院等医疗机构在诊治、化验、处置、预防、保健及其他相关活动中产生的具有感染性、毒性和其他危害性的废物（环境保护部，2011），国家卫生健康委等（2021）发布的《医疗废物分类目录（2021年版）》将其划分为感染性废物、损伤性废物、病理性废物、药物性废物和化学性废物5类。医疗废物中可能存在具有传染性的病菌等有害物质，如果处置不当，不仅存在病原体传播危害人体健康的风险，还会污染大气、水体、土壤等自然环境，因此医疗废物的收运及处置过程对于疾病传播的预防控制和环境与人体健康保护具有重要意义（Bdour et al.，2007；WHO，2018；侯铁英等，2006）。

关于医疗废物的研究，当前主要集中在发展中国家医疗废物的评估管理和处置技术方面，包括医疗机构对医疗废物的管理评估（Al-emad，2011；Bilal et al.，2019；Gao et al.，2018；Ovekale et al.，2017；吴伟娟，2011）和医护人员的职业暴露及防护措施等（Bajwa et al.，2014；Oh et al.，2015；吕东红等，2010；孙建等，2016）。2020年初流行性呼吸系统疾病的快速传播，导致医疗废物的日产生量也随之上升，为保障全国医疗废物、医疗废水的平稳正常处理，生态环境部（2020）采取了积极的应对措施，于2020年1月29日印发了《新型冠状病毒感染的肺炎疫情医疗废物应急处置管理与技术指南（试行）》。医疗废物收处人群作为接触医疗废物的高危人群，其采取防护措施的科学性直接关乎自身环境暴露的健康风险，也影响医疗废物中病毒等污染物的传播及疾病的发生发展。然而，有关我国医疗废物收运及处置各环节相关人员防护措施的研究明显不足，医疗废物处置方面的人员防护措施也存在情况不明的现状。因此，开展医疗废物处理人员（MWHs）采取的环境暴露和防护措施行为模式调查，对医疗废物的收运、暂时贮存、处置、固化填埋等节点进行风险分析，以评估各节点工作人员的防护措施行为特征，不仅可为医疗废物收处人群的健康防护提供指导建议，还能为流行性呼吸系统疾病的防控提出针对性的意见。

2020 年初，浙江是除湖北以外流行性呼吸系统疾病最为严重的区域之一，因此浙江医疗废物的收运及处置工作尤为重要，安全高效地收运和处置可以避免医疗废物的二次污染（Blenkharn，2006；Kizito et al.，2015），保障人们的身体健康和医疗机构的正常运转；同时，浙江作为我国的经济强省，医疗废物的处置技术也较为先进，通过对浙江的调查在一定程度上能够反映我国其他地区的医疗废物收运及处置等相关工作人员的现状。基于此，本研究以浙江某医疗废物处理处置中心为研究地点，于 2020 年 3 月 4 日至 17 日通过问卷调查对 90 名（83 名男性和 7 名女性）20 ～ 54 岁的医疗废物收处人群开展防护措施行为的调查。考虑到受调查人群的具体工作包括医疗废物收运及转运、进厂接收及暂时贮存、医疗废物进料及处置、医疗废物处置效果的检测评价、处置设备的检测维修、医疗废物焚烧后固化填埋和清洁消毒后污水处理等，参考我国发布的《医疗废物集中处置技术规范（试行）》（国家环境保护总局，2003）、《医疗废物处理处置污染防治最佳可行技术指南（试行）》（环境保护部，2011）等相关文件以及国内外文献，本次研究调查的内容主要包括医疗废物处置人群在工作过程中个人防护设备（PPE）佩戴情况、医疗废物接收及暂时贮存情况、处置过程中的进料方式和采用的处置技术、车间及厂房的清洁消毒情况、可能存在风险暴露的位置节点、工作时间以及工作结束后的个人防护措施（如是否会洗手洗澡、用什么洗手、洗手时间以及回家后采取的消毒措施）等。

在医疗废物收处人群的防护措施评估中，由于我国当前仍缺少对于医疗废物相关工作人员的更加具体详尽的职业暴露风险和健康标准，因此该研究主要通过情景假设、风险量化（Ferreira et al.，2010；Huang et al.，2013；Mohammad et al.，2014）的方法，并参考我国《医疗废物集中处置技术规范（试行）》中对医疗废物收运、处置人员防护措施的要求以及《传染性非典型肺炎医院感染控制指导原则（试行）》（卫生部办公厅，2003）中对医务人员的分级防护，对医疗废物收运及处置相关人员的防护措施进行等级划分。

12.1 2020年初中国医疗废物处置等相关工作人员的个人防护水平

本次被调查的医疗废物处置人群具体工作主要包括医疗废物的收运及转运（11人，12.5%），进厂接收及暂时贮存（5人，5.7%），医疗废物的处置及进料（22人，25%），处置效果的检测及评价（9人，10.2%），处置设备的检测维修（9人，10.2%），焚烧飞灰、残渣的固化填埋（5人，5.7%），车间厂房的清洁消毒及清洁消毒后废水的检测及处理（9人，10.2%），安全监管（4人，4.6%），车间巡检（2人，2.3%）以及后勤保障和行政管理（12人，13.6%）。

调查结果显示，绝大多数医疗废物处置人群在工作期间均会佩戴医用防护口罩或全面罩和半面罩（87人，98.9%），大多数医疗废物处置人群在工作中会穿戴工作服（77人，87.5%）和工作帽（70人，79.5%），部分医疗废物处置人群还会选择穿戴橡胶手套、防护靴（57人，64.8%）来避免直接触碰周转箱（桶）等可能存在感染风险的物品或位置。如果在工作中会近距离接触医疗废物，55.7%的医疗废物处置人群会采取戴护目镜、33.0%的医疗废物处置人群会穿防护服等防护措施。在单次工作任务结束后，所有的医疗废物处置人群均会选择用流水、肥皂、快速消毒剂或0.3%～0.5%的碘伏消毒液来清洗双手或进行洗澡清洁，92.2%的医疗废物处置人群在工作结束后会对个人工作物品进行消毒，部分医疗废物处置人群回到家中后也会采取洗手、消毒、衣物通风晾晒等防护措施。不同工种的医疗废物处理人员具体防护用品佩戴情况及防护措施见表12-1。

表12-1 不同工种的医疗废物处理人员个人防护设备佩戴情况及个人防护措施执行占比

工种类型	样本量	个人防护设备佩戴情况（%）						其他防护措施（%）				
		医用防护口罩、半面罩和全面罩	工作服	工作帽	护目镜	橡胶手套及防护靴	防护服	单次任务结束后洗手洗澡	工作结束后对工作物品清洁消毒	回到家后用流水或含有消毒功能的洗手液或肥皂洗手	回到家后用酒精对手机等物品消毒	回到家后，鞋、衣服通风晾晒
总计	88	98.9	87.5	79.5	55.7	64.8	33.0	100.0	92.2	82.3	82.6	66.5
医疗废物的收运及转运	11	100.0	90.9	81.8	100.0	100.0	100.0	100.0	100.0	100.0	90.9	63.6
进厂接收及暂时贮存	5	100.0	80.0	40.0	0.0	20.0	0.0	100.0	100.0	60.0	60.0	40.0
医疗废物的处置及进料	22	100.0	100.0	81.8	40.9	59.1	13.6	100.0	100.0	81.8	54.6	72.7
处置效果的检测及评价	9	100.0	77.8	77.8	77.8	77.8	55.6	100.0	100.0	77.8	89.9	66.7
处置设备的检测维修	9	89.9	89.9	89.9	77.8	100.0	89.9	100.0	77.8	89.9	100.0	89.9

续表

工种类型	样本量	个人防护设备佩戴情况（%）						其他防护措施（%）				
		医用防护口罩、半面罩和全面罩	工作服	工作帽	护目镜	橡胶手套及防护靴	防护服	单次任务结束后洗手洗澡	工作结束后对工作物品清洁消毒	回到家后用流水或含有消毒功能的洗手液或肥皂洗手	回到家后用酒精对手机等物品消毒	回到家后，鞋、衣服通风晾晒
焚烧飞灰、残渣的固化填埋	5	100.0	100.0	100.0	100.0	40.0	0.0	100.0	100.0	100.0	100.0	60.0
车间厂房的清洁消毒及清洁消毒后废水的检测及处理	9	100.0	100.0	89.9	66.7	77.8	11.1	100.0	88.9	88.9	88.9	88.9
安全监管	4	100.0	100.0	100.0	50.0	75.0	0.0	100.0	100.0	75.0	75.0	75.0
车间巡检	2	100.0	100.0	100.0	100．0	100.0	0.0	100.0	100.0	50.0	50.0	50.0
后勤保障和政策管理	12	100.0	41.7	50.0	0.0	0.0	8.3	100.0	91.7	100.0	100.0	58.3

12.2 不同工种医废收处人群的防护措施评定

在医疗废物的收运、接收及暂时贮存、处置、固化填埋等过程中，不同的工种存在着不同的暴露风险，且医疗废物处理人员面对的风险往往较高（Chartier et al.，2014）。医疗废物的收运和转运以及处置进料等工作过程均会近距离接触周转箱（桶）、一次性专用包装容器、利器盒等物品的内外部，存在与病原体直接接触或被针头等锐器刺伤的可能性（Alemayehu et al.，2016），因此属于高风险工种。医疗废物的接收及暂时贮存工作人员主要负责医疗废物的交接登记、管理工作，风险较低。消毒废水无害处置过程以及飞灰、残渣的固化填埋过程中，主要是与消毒废水或填埋物等的接触，很少会触碰到有感染风险的物体，因此暴露风险较低。在该研究中，根据医疗废物各处置环节可能存在的暴露风险，通过评估医疗废物收处人群环境暴露的健康风险对其进行防护措施的科学性进行量化评级。

研究采用情景假设与风险量化相结合的方法，通过对可能存在感染风险的物品进行赋值来计算得出医疗废物处理人员的风险等级，同时结合不同类型工作的具体流程进而确定不同工种工作人员的防护等级。该调查地点的医疗废物处置的主要流程包括医疗废物的收运及转运、医疗废物的进厂接收及暂时贮存、医疗废物的焚烧处置以及焚烧后飞灰、残渣的固化填埋，表12-2为不同节点的风险等级评估结果。研究将医疗废物收运及处置等相关人员的防护措施分为一级防护、二级防护和三级防护，其中，一级防护包括佩戴医用防护口罩、半面罩或全面罩，穿戴工作服、工作帽；二级防护包括佩戴医用防护口罩、半面罩或全面罩，穿戴工作服、工作帽、橡胶手套和防护靴，必要时佩戴护目镜；三级防护是最高级别的防护，包括佩戴医用防护口罩、半面罩或全面罩，穿戴工作服、工作帽、防护服，橡胶手套和防护靴，佩戴护目镜。收运、转运人员和处置进料人员每天需要接触大量的医疗废物，因此采取三级防护；固化填埋人员和清洁消毒及废水的检测处人员工作时分别会接触到可能含有毒有害物质的飞灰（Cobo et al.，2009；沈东升等，2011）和废水，因此选择二级防护措施。

表12-2 医疗废物收运、处置的主要流程及各节点风险量化评估结果

医疗处置流程及主要工种	不同工种工作人员可能触碰到的存在感染风险的物品					建议防护等级
	医疗废物包装袋	周转箱（桶）或一次性包装容器内部	周转箱（桶）或一次性包装容器外部	医疗废物转运车内壁	医疗废物转运车外表面	
收运及转运	/	**	****	****	****	三级
进厂接收及暂时贮存	/	/	**	/	***	一级
处置进料	*	/	**	/	/	三级
处置效果的检测评价	**	*	**	/	/	二级
处置设备的检测维修	*	*	**	/	/	二级
固化填埋	/	*	*	/	/	二级
清洁消毒及废水的检测处理	/	/	/	/	/	二级
安全监管	*	/	**	/	*	二级
车间巡检	/	/	**	/	/	二级
后勤保障及行政管理	/	/	/	/	/	一级

注："*"的个数代表工作人员与此物品接触的风险大小，共4颗"*"。若得分占比在［0，0.25］，得"*"；得分占比在（0.25，0.50］，得"**"；得分占比在（0.50，0.75］，得"***"；得分占比在（0.75，1.00］，得"****"。"/"代表此类工作人员在工作过程中不会触碰到此物品，该情况不适用。

调查研究显示，虽然该处置中心按照我国《医疗废物集中处置技术规范（试行）》相关规定向医疗废物收运及转运人员和处置进料人员

发放了医用防护口罩、工作服、工作帽、防护服、护目镜、橡胶手套、防护靴等防护用品，但工作人员仍存在防护不当的情况。90.91% 的收运及转运人员均能达到三级防护的要求，仅有 1 人未选择穿戴工作服和工作帽；主要负责医疗废物处置进料的 22 名工作人员中，只有 3 人（13.6%）达到了三级防护的要求，19 人（86.4%）未穿防护服，13 人（59.1%）未佩戴护目镜，9 人（40.9%）未穿戴橡胶手套、防护靴，4 人（18.2%）未戴工作帽。收运及转运人员和处置进料人员在工作过程中与周转箱（桶）或一次性包装容器等物品接触的可能性较大，属于高风险人群，按照我国《医疗废物集中处置技术规范（试行）》相关规定应采取最高的防护措施，但处置进料人员的防护合格率只有 13.6%，这可能与工人的认知程度有关（Gai et al.，2010；Hosny et al.，2018；Kumar et al.，2013；Zhang et al.，2009）。同时，医疗废物接收及暂时贮存人员、固化填埋人员和后勤保障及行政管理人员因工作中较少接触高风险的物品，可能容易忽视对个人的防范，防护合格率较低。不同工种的工作人员佩戴防护用品的合格率见图 12-1，对其进行多个独立样本比较的 Kruskal-WallisH 检验，检验结果存在显著性差异（$P < 0.05$）。

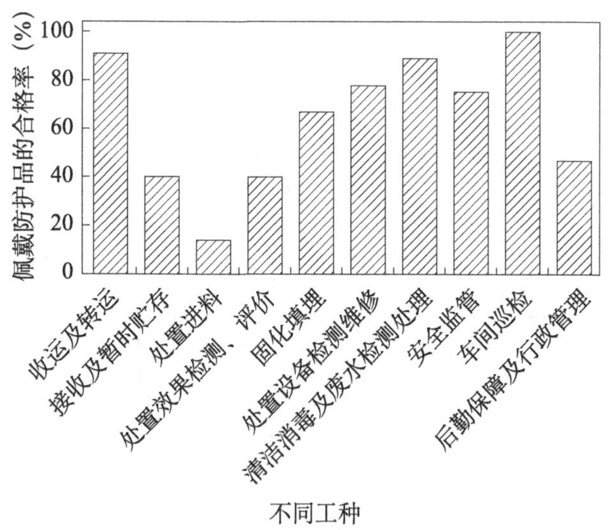

图12-1　不同工种的医疗废物收处人群佩戴防护用品的合格率

12.3 本章总结

（1）2020 年初流行性呼吸系统疾病传播期间，对浙江某典型医疗废物处置中心的医疗废物收处人群调查研究表明，大多数医疗废物处理人员工作过程中会按要求采取一定的防护措施。其中，医用防护口罩或全面罩和半面罩的佩戴率为 98.9%，所有医疗废物处理人员在单次工作任务结束后均会进行双手消毒或洗澡清洁，部分人群回家后采取洗手、消毒、衣物通风晾晒等有效的防护措施。

（2）风险量化评级分析表明，医疗废物收运及转运人员和处置进料人员属于高风险人群，应采取三级防护；处置效果的检测、评价人员，处置设备检测维修人员等属于中等风险人群，采取二级防护；医疗废物接收及暂时贮存人员和后勤保障及行政管理人员属于低风险人群，可采取一级防护。

（3）不同医疗废物处理工种的工作人员个人防护措施的合格率存在显著性差异。收运及转运人员近距离接触医疗废物的可能性最大，对安全防护的认知和重视程度最高；医疗废物接收及暂时贮存人员、固化填埋人员和后勤保障及行政管理人员因工作中风险较低，容易忽视对个人的防范，其防护合格率较低；处置进料人员作为与医疗废物近距离接触的高风险人群，此次调查中的防护服穿戴的合格率仅为 13.6%，这极大可能与工人的认知程度不够、防范意识不足有关。

（4）目前我国缺乏规范的关于医疗废物收运、接收贮存、处置、效果评测、设备维修、安全监管等相关工作人员的职业安全与健康标准，建议未来制定更加详尽具体的政策规范，各医疗废物处置单位也要加强对医疗废物收运及处置相关人员的管理和培训，增强从业人员的防范意识，降低职业暴露的风险。

参考文献

国家环境保护总局，2003. 医疗废物集中处置技术规范（试行）：环发 [2003]206 号 [S/OL].（2003-12-26）. https://www.mee.gov.cn/ywgz/fgbz/bz/bzwb/other/hjbhgc/200312/t20031226_88351.shtml.

国家卫生健康委员会，生态环境部，2021. 医疗废物分类目录（2021 年版）[Z/OL].（2021-11-25）. http://www.nhc.gov.cn/yzygj/s7659/202111/a41b01037b1245d8bacf9a

cf2cd01c13.shtml.

侯铁英，廖新波，胡正路，2006. 医疗废物处理的研究进展 [J]. 中华医院感染学杂志，16（12）：1438-1440.

环境保护部，2011. 医疗废物处理处置污染防治最佳可行技术指南（试行）：HJ-BAT-8[S/OL].（2011-12-1）. http://sthjt.hunan.gov.cn/uploadfiles/201402/20140218152416360.pdf.

吕东红，李传杰，2010. 74 例医疗相关职业暴露调查 [J]. 现代预防医学，37（16）：29-30.

沈东升，郑元格，姚俊，等，2011. 典型固体废物焚烧飞灰的污染物特性研究 [J]. 环境科学，32（9）：2610-2616.

生态环境部，2020. 新型冠状病毒感染的肺炎疫情医疗废物应急处置管理与技术指南（试行）[EB/OL].（2020-1-28）. https://www.mee.gov.cn/ywdt/hjywnews/202001/t20200129_761043.shtml.

孙建，徐华，顾安曼，等，2016. 中国医务人员职业暴露与防护工作的调查分析 [J]. 中国感染控制杂志，15（9）：681-685.

卫生部办公厅，2003. 传染性非典型肺炎医院感染控制指导原则（试行）[J]. 中国护理管理，3（2）：104-105.

吴伟娟，2011. 医疗废物管理工作存在的问题及对策 [J]. 中华医院感染学杂志，21（12）：2557-2558.

AL-EMAD A A，2011. Assessment of medical waste management in the main hospitals in Yemen [J]. Eastern Mediterranean Health Journal，17(10): 730-737.

ALEMAYEHU T，WORKU A，ASSEFA N，2016. Medical waste collectors in eastern Ethiopia are exposed to high sharp injury and blood and body fluids contamination[J]. Journal of Prevention & Infection Control (2): 1-9.

BAJWA J S，JASPAL S，KAUR D，2014. Behavior，perception and compliance related to adoption of safety measures in response to needle stick injuries among nursing personnel at a tertiary care institute of North India[J]. Journal of the Scientific Society，6870(1): 32-37.

BDOUR A，ALTRABSHEH B，HADADIN N，et al.，2007. Assessment of medical wastes management practice: a case study of the northern part of Jordan[J]. Waste Management，27(6): 746-759.

BILAL A K，AVES A K，HARIS A，et al.，2019. A study on small clinics waste management practice，rules，staff knowledge，and motivating factor in a rapidly urbanizing area[J]. International Journal of Environmental Research and Public Health，16(20): 4044-4058.

BLENKHARN J I，2006. Standards of clinical waste management in UK hospitals[J]. Journal of Hospital Infection，62(3): 300-303.

CHARTIER E Y，EMMANUEL J，PIEPER U，et al.，2014. Safe management of wastes from health-care activities[M]. 2nd ed. Geneva: World Health Organization.

COBO M, G LVEZ A, CONESA J A, et al., 2009. Characterization of fly ash from a hazardous waste incinerator in Medellin, Colombia[J]. Journal of Hazardous Materials, 168(23): 1223-1232.

FERREIRA V, TEIXEIRA M R, 2010. Healthcare waste management practices and risk perceptions: findings from hospitals in the Algarve region, Portugal[J]. Waste Management, 30 (12): 2657-2663.

GAI R Y, XU L Z, LI H J, et al., 2010. Investigation of health care waste management in Binzhou District, China[J]. Waste Management, 30(2): 246-250.

GAO Q F, SHI Y J, MO D, 2018. Medical waste management in three areas of rural China [J]. Plos One, 13(7): e0200889.

HOSNY G, SAMIR S, El-SHARKAWY R, 2018. An intervention significantly improve medical waste handling and management: a consequence of raising knowledge and practical skills of health care workers[J]. International Journal of Health Sciences, 12(4): 56-66.

HUANG L, ZHOU Y, HAN Y T, et al., 2013. Effect of the Fukushima nuclear accident on the risk perception of residents near a nuclear power plant in China[J]. Proceedings of the National Academy of Sciences, 110(49): 19742-19747.

KIZITO K, MAYO A W, 2015. Public health risks from mismanagement of healthcare wastes in Shinyanga municipality health facilities, Tanzania[J]. Scientific World Journal, 2015: 1-11.

KUMAR R, SAMRONGTHONG R, SHAIKH T, 2013. Knowledge, attitude and practices of health staff regarding infectious waste handling of tertiary care health facilities at metropolitan city of Pakistan[J]. Journal of Ayub Medical Collage Abbottabad, 25(25): 109-112.

MOHAMMAD A B S, MOHAMMAD H O R, HIROSAWA T, et al., 2014. Evaluation of knowledge, practices, and possible barriers among healthcare providers regarding medical waste management in Dhaka, Bangladesh[J]. Medical Science Monitor, 20: 2590-2597.

OH H S, UHM D C, 2015. Current status of infection prevention and control programs for emergency medical personnel in the Republic of Korea[J]. Journal of Preventive Medicine & Public Health, 48(6): 330-341.

OVEKALE A S, OVEKALE T O, 2017. Healthcare waste management practices and safety indicators in Nigeria[J]. BMC Public Health, 17(1) : 740-752.

WHO, 2018. Health-care waste [EB/OL]. Geneva: World Health Organization. (2018-02-08).https: //www.who.int/news-room/fact-sheets/detail/health-care-waste.

ZHANG Y, GANG X, WANG G X, et al., 2009. Medical waste management in China: a case study of Nanjing[J]. Waste Management, 29(4): 1376-1382.

13 行为模式对流行性呼吸系统疾病的影响

2020 年初流行性呼吸系统疾病的流行造成了全球性危机，除了病毒的传播性强和宿主易感外，环境和个人卫生对疾病的传播也非常重要，因此采取相应的预防措施是减轻此类突发性公共卫生危机最有效的措施之一。在获得可用疫苗之前，如戴口罩、注意手卫生、减少室外活动时间、保持社交距离、进行交通管制等在一定程度上可降低流行性呼吸系统疾病病毒的传播速率，有效平缓流行性呼吸系统疾病的流行曲线。同时，研究数据显示，在 2020 年 1 月 23 日启动应急响应之前，全国平均基本再生数为 3.15；1 月 23 日防控措施实施范围开始扩大，各省（区、市）基本再生数有所下降；当干预措施在所有省（区、市）的实施完成到 95%，全国平均基本再生数下降到了 0.04，这也与发病率的快速下降相一致（Tian et al.，2020）。

2020 年 2 月 28 日至 3 月 27 日在中国北京进行的一项回顾性研究表明（Wang et al.，2020），通过使用口罩，消毒和社会隔离可减少家庭中流行性呼吸系统疾病病毒的二次传播。该研究选取了至少有一例流行性呼吸系统疾病确诊病例的 124 个家庭中的 335 人作为研究对象，通过问卷调查、建立回归模型的方式分析了与流行性呼吸系统疾病家庭传播相关的因素，结果显示，在患者出现症状之前，患者和家庭接触者均使用口罩可有效减少传播的比例为 79%（OR = 0.21），家庭中每天使用氯或乙醇消毒剂的有效率为 77%（OR = 0.23），首次证明了使用口罩及消毒在预防流行性呼吸系统疾病方面的有效性。Cheng 等（2020）对中国香港特别行政区全社区使用口罩以控制流行性呼吸系统疾病的效果进行了评估，对确诊病例的流行病学分析，并与意大利、西班牙等 15 个没有在社区范围内佩戴口罩的国家或地区进行比较，结果显示，全社区佩戴口罩的中国香港的发病率（每百万人口 129.0）显著低于西班牙（2 983.2）、意大利（2 250.8）、德国（1 241.5）、法国（1 151.6）、美国（1 102.8）、英国（831.5）、新加坡（259.8）和韩国（200.5）。

Li 等（2020）进一步结合数学建模和现有的证据来评估在美国公共场合使用普通的医用口罩对流行性呼吸系统疾病传播的影响。该研究主要考虑了佩戴口罩后气溶胶减少率、口罩覆盖率和口罩可用性 3 个因素，以此探究对基本再生数 R0 和流行性呼吸系统疾病感染率的影响。此外，该研究选择了包括西班牙、意大利、英国、德国、法国、日本、泰国、中国香港和中国台湾在内的多个国家或地区进行初步的对比分析，结果表明，佩戴口罩可降低普通人群中的病毒繁殖数，并且可使基于 SEIR 模型绘制出的流行性呼吸系统疾病流行曲线趋于平坦，能够显著降低流行性呼吸系统疾病传播的严重程度。Zhang 等（2020）对比分析了武汉、意大利和美国纽约的流行性呼吸系统疾病传播趋势和防护措施，并通过预测未来的感染数量来量化佩戴口罩的效果，结果表明，从 2020 年 4 月 6 日至 5 月 9 日，在意大利使用口罩可减少约 7.8 万人感染，在美国纽约可减少约 6.6 万人感染，结果充分证明了在公共场合戴口罩是预防人际传播的最有效手段，这种做法与社交距离和其他防疫措施相结合，是最有可能阻止流行性呼吸系统疾病大流行的方法。Teslya 等（2020）为分析荷兰自我防护措施（如洗手、戴口罩、保持社交距离）和政府干预措施在减轻或预防流行性呼吸系统疾病流行趋势方面的单独和综合效果，根据疾病状态（易感，暴露，轻度感染或严重感染，诊断和康复）和疾病意识状态（有防护意识和无防护意识）分层，在人群中建立了改进的 SEIR 模型，模型结果包括峰值诊断数、发病率和到达峰值诊断数的时间。研究结果显示，自我防护措施和政府干预措施均对流行性呼吸系统疾病流行动态存在影响，当自我防护措施与政府干预措施同时实施时，流行性呼吸系统疾病诊断的峰值数量减少了 23.0% ～ 30.0%，发病率由 16.0% 降至 12.0% ～ 13.0%。

由于不同的社会经济条件、地理气候、生活习惯及管控措施的不同，人群采取的防护措施行为可能存在差异，为探究人群环境暴露行为模式对流行性呼吸系统疾病发生发展的影响，本研究基于 2020 年初全国范围尺度的中国人群环境暴露行为模式研究，结合各地区流行性呼吸系统疾病的传播数据及特征，分析人群环境暴露行为模式对流行性呼吸系统疾病传播的影响。

13.1 人群暴露行为模式赋值法量化计算

本研究采用赋值的方法，对所有受调查人群的环境暴露相关的行为模式进行综合分析，因开窗通风行为受气温影响较大，因此选择交通出行方式、佩戴口罩类型、单次洗手时间、社交距离 4 种行为模式进行分析。在交通出行方式方面，出租车和公共交通工具空间相对密封，空气流通较差，接触人员较多，因此对各类交通出行方式的防护能力从低到高进行赋值，分别为“公交、地铁或轻轨等公共交通赋 1 分”“出租车赋 2 分”“自行车或电动车赋 3 分”“步行赋 4 分”“私家车赋 5 分”。在佩戴口罩类型方面，根据国家卫生健康委员会（2020）发布的《公众科学戴口罩指引》对不同类型口罩的防护能力赋值，其中“医用防护口罩赋 5 分”“颗粒物口罩赋 4 分”“医用外科口罩赋 3 分”“一次性使用医用口罩赋 2 分”“普通口罩赋 1 分”“不戴口罩赋 0 分”。将交通出行方式、佩戴口罩行为的防护得分进行标准化处理，分数越高表示防护级别越来越高。在洗手时间方面，根据 WHO 的手卫生建议，单次洗手时间低于 20 s 的赋 0.5 分，高于 20 s 的赋 1 分。在社交距离方面，保持 2.0 m 以上的社交距离赋 1 分，社交距离保持在 1.0 ～ 2.0 m 的赋 0.5 分，社交距离低于 1.0 m 的赋 0 分。将标准化处理后的交通出行方式得分、佩戴口罩行为得分与单次洗手时间得分、社交距离得分加和得到我国人群环境暴露行为模式的防护行为总分数。表 13-1 展示了流行性呼吸系统疾病传播期间我国人群暴露行为模式得分情况。

表13-1 流行性呼吸系统疾病传播期间我国人群暴露行为模式防护得分

类别		人群暴露行为模式防护得分			
		交通方式	佩戴口罩	手卫生	社交距离
合计		0.86	0.64	0.71	0.35
性别	男	0.86	0.64	0.71	0.33
	女	0.86	0.65	0.71	0.37
年龄	＜18 岁	0.89	0.77	0.73	0.57
	18～44 岁	0.86	0.65	0.71	0.37
	45～59 岁	0.84	0.61	0.67	0.19

续表

类别		人群暴露行为模式防护得分			
		交通方式	佩戴口罩	手卫生	社交距离
年龄	≥60 岁	0.84	0.65	0.71	0.30
城乡	城市	0.86	0.64	0.7	0.3
	农村	0.87	0.65	0.7	0.4
教育程度	小学及以下	0.87	0.71	0.70	0.41
	初中	0.84	0.64	0.70	0.30
	高中（普高、职高、中专）	0.85	0.68	0.69	0.36
	本科或专科	0.86	0.64	0.71	0.36
	研究生（硕士、博士）	0.87	0.63	0.70	0.34
片区	华北	0.88	0.67	0.71	0.40
	华东	0.86	0.61	0.70	0.33
	华南	0.86	0.63	0.71	0.39
	西北	0.82	0.67	0.71	0.32
	东北	0.87	0.63	0.71	0.27
	西南	0.87	0.64	0.71	0.35
工作类型所属人群	医护人员	0.79	0.62	0.73	0.17
	与人群广泛接触人员	0.83	0.60	0.69	0.19
	企业在岗人员	0.80	0.58	0.70	0.13
	居家人员	0.88	0.66	0.71	0.40
	其他	0.86	0.63	0.71	0.30

总体来看，流行性呼吸系统疾病传播期间我国居民的防护得分为2.56，其中交通出行方式、佩戴口罩类型、单次洗手时间、保持社交距

离得分分别为 0.86、0.64、0.71 和 0.35，这表明流行性呼吸系统疾病传播期间我国居民在交通出行、佩戴口罩和注意手卫生方面防护较好，在保持社交距离方面还有待加强。年龄显著影响了人群的防护措施得分，从年龄方面来看，小于 18 岁人群的防护措施得分最高，而 45 ～ 59 岁人群防护得分最低，这很有可能是小于 18 岁人群因为年龄偏小，大多处于居家隔离状态，可塑性更强，对于流行性呼吸系统疾病的防护措施执行效果更好；而 45 ～ 59 岁人群大多需要外出工作，承担更多的家庭负担，同时对流行性呼吸系统疾病传播防护信息的了解不够全面，因此得分偏低。

13.2 我国各省（区、市）累计确诊病例数、累计发病率及影响因素分析

研究采用流行性呼吸系统疾病早期的累计确诊病例数和累计发病率进行横断面分析，流行性呼吸系统疾病传播早期包括每个省（区、市）从发现第一例病例为第 1 天到出现疫情的第 28 天（Baniasad et al., 2021），各省（区、市）累计确诊病例数和累计发病率如图 13-1 所示。由于湖北的累计确诊病例数过多，而青海和西藏的累计确诊病例数过少，因此只选择其余的 28 个省（区、市）纳入分析。

累计确诊病例数和累计发病率受到多种因素的影响，包括城区面积、地区生产总值（GDP）、居民人均可支配收入、医疗卫生机构数、卫生人员数、卫生机构床位数等。为了更准确地反映人群暴露行为模式及环境因素对流行性呼吸系统疾病传播的影响，首先需要探究各类混杂因素对流行性呼吸系统疾病传播的影响。

目前已有研究指出城市的经济发展水平一定程度上影响流行性呼吸系统疾病传播的发展，所以我们的研究分析了城区面积、地区生产总值、居民人均可支配收入、医疗卫生机构数、卫生人员数和卫生机构床位数之间的相关性，图 13-2 为各因素间的相关性。然后，依次将 6 个因素纳入回归分析模型中，分别查看回归系数 β 值，当纳入一个新的因素时，如果 β 值的变化超过 10%，则可以认为该因素对因变量存在一定的影响作用。

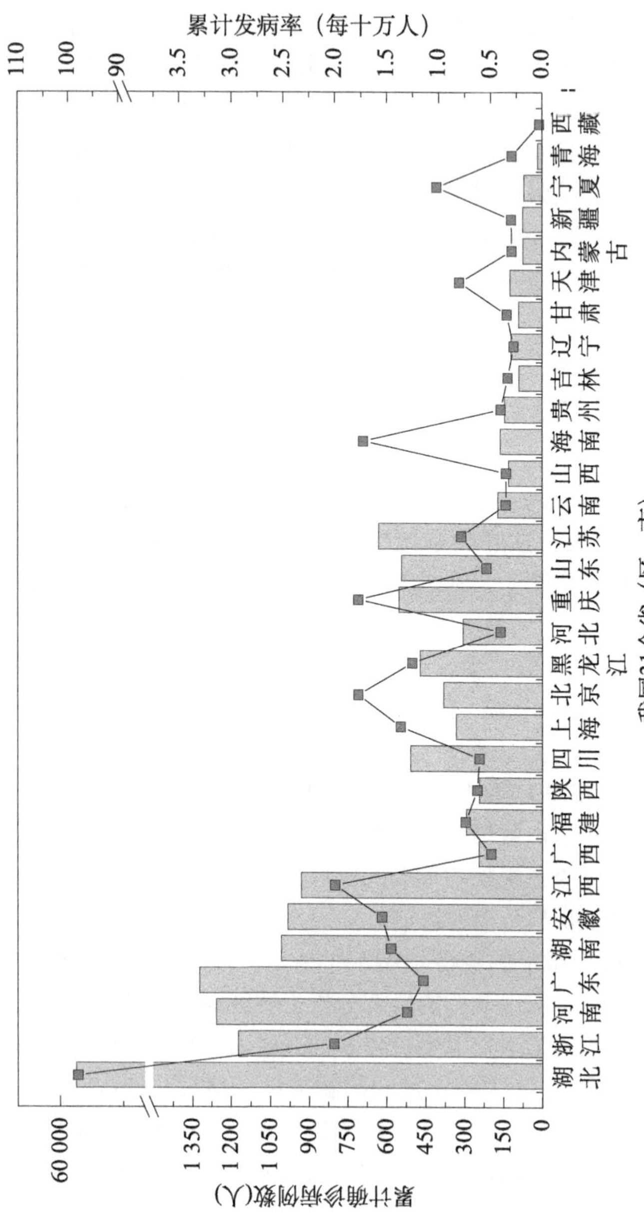

图13-1 我国31个省（区、市）流行性呼吸系统疾病传播早期累计确诊人数及累计发病率（每十万人）

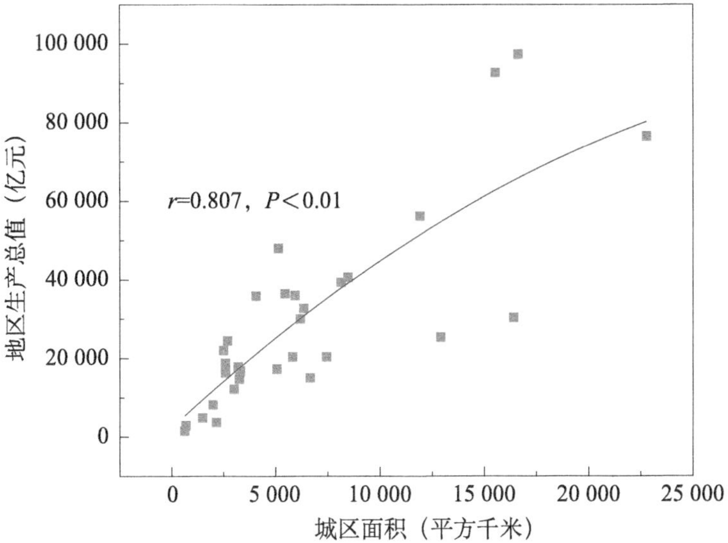

100 000
80 000
60 000
40 000
20 000
0
地区生产总值（亿元）
r=0.807，P＜0.01
0
5 000
10 000
15 000
20 000
25 000
城区面积（平方千米）

A

70 000
60 000
50 000
40 000
30 000
20 000
10 000
居民人均可支配收入（元）
r=0.500，P＜0.01
0
5 000
10 000
15 000
20 000
25 000
城区面积（平方千米）

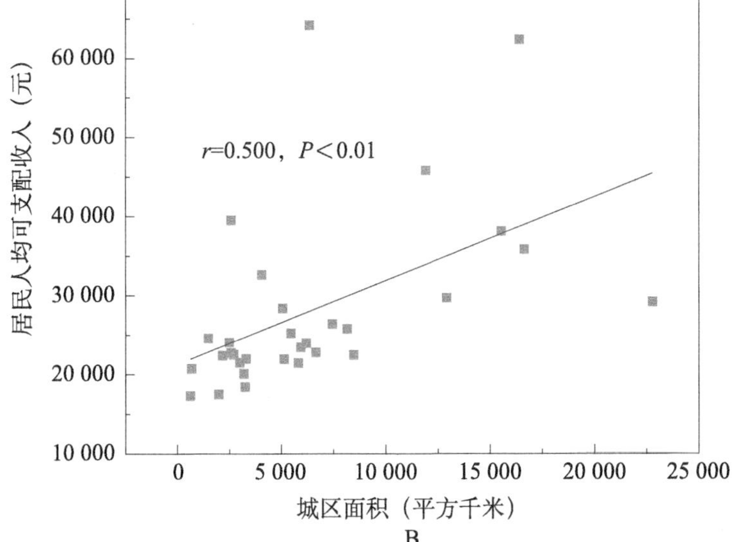

B

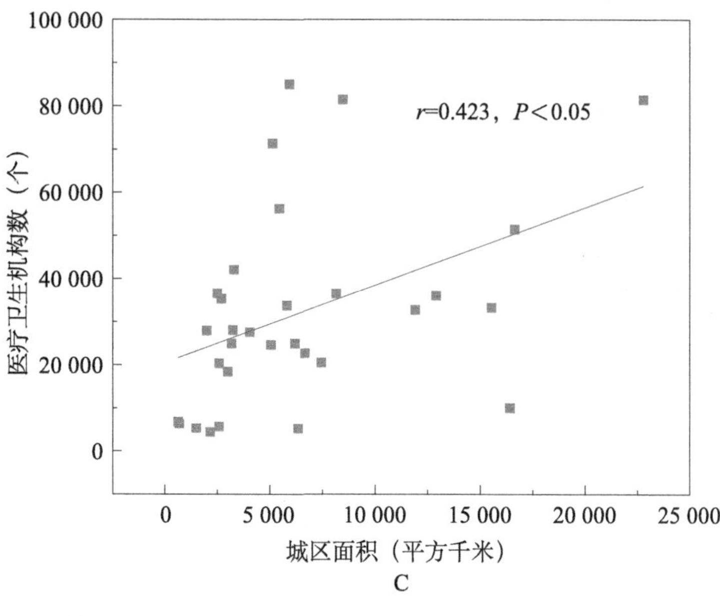
100 000
80 000
60 000
40 000
20 000
0
医疗卫生机构数（个）
r=0.423，P<0.05
0
5 000
10 000
15 000
20 000
25 000
城区面积（平方千米）

C

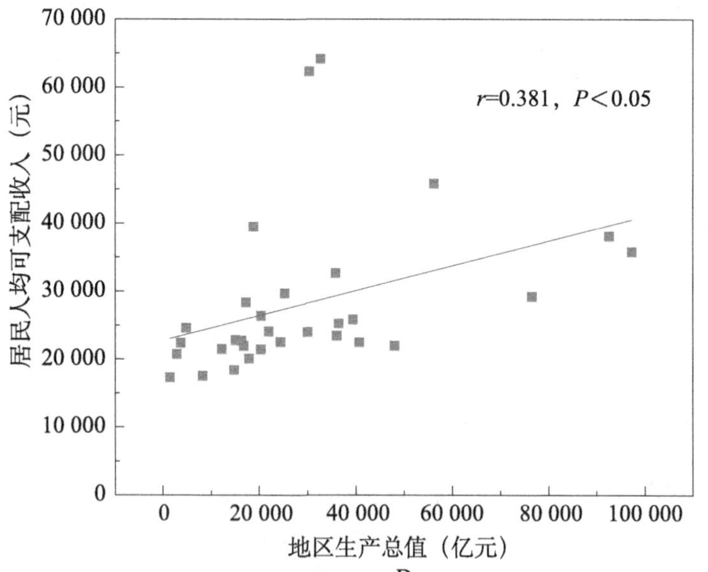
70 000
60 000
50 000
40 000
30 000
20 000
10 000
0
居民人均可支配收入（元）
r=0.381，P<0.05
0
20 000
40 000
60 000
80 000
100 000
地区生产总值（亿元）

D

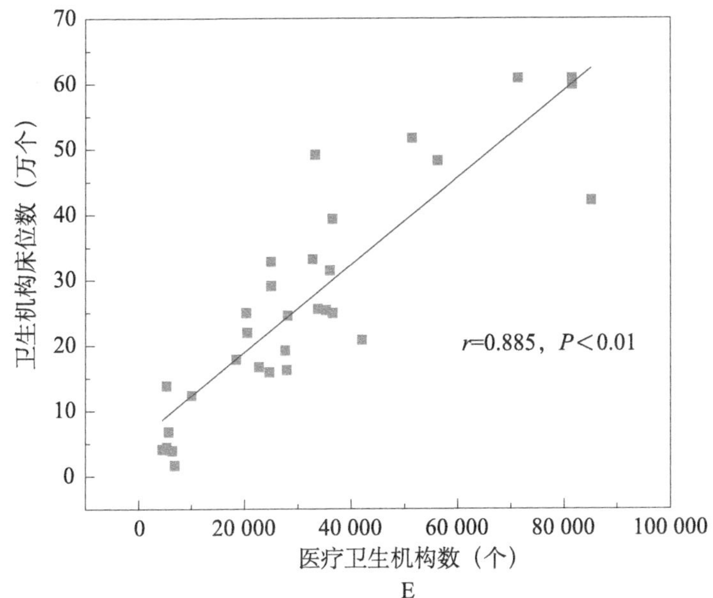

图13-2　我国31个省（区、市）城区面积与生产总值、人均可支配收入、医疗卫生机构数间的关系

因为地区生产总值和居民人均可支配收入均表示一个城市的经济发展水平，且存在显著正相关关系（r=0.381，$P < 0.05$）；同理，医疗卫生机构数、卫生人员数和卫生机构床位数均表示一个城市的医疗水平，且存在显著相关性（r=0.885，$P < 0.01$），因此选择地区面积、地区生产总值和卫生机构床位数纳入模型。图 13-3 显示模型依次纳入地区面积、地区生产总值、卫生机构床位数后的回归系数 β，可以看出 β 值在改变量均在 10% 以上，因此三者在一定程度上都会影响城市的流行性呼吸系统疾病的传播情况，在后续的分析中应该作为混杂变量在模型中进行调整。

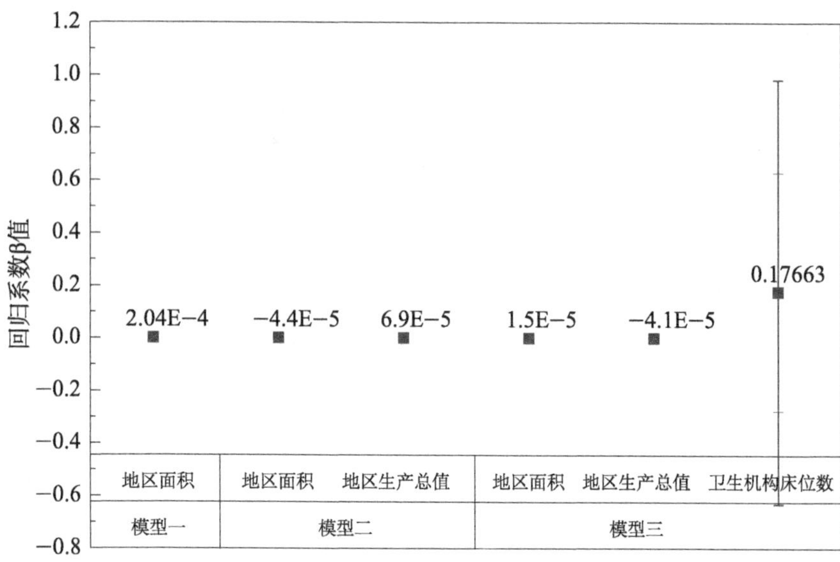

图13-3　不同模型的回归系数 β 值的变化

13.3　人群暴露行为模式对流行性呼吸系统疾病传播的影响

已有研究表明流行性呼吸系统疾病传播期间佩戴口罩、注意手卫生、减少室外活动时间、保持社交距离、进行交通管制等在一定程度上可降低流行性呼吸系统疾病病毒的传播速率，但只分析了以上单因素分别对病毒传播的影响，因此本研究主要探究交通出行方式、佩戴口罩类型、手卫生、社交距离 4 个方面对流行性呼吸系统疾病传播的综合影响。首先对交通出行方式、佩戴口罩类型、手卫生、社交距离四个自变量做了相关性分析（表 13-2），以便选取不存在共线性或共线性较弱的因素进行下一步分析。流行性呼吸系统疾病传播期间，国家卫生健康委员会（2020）发布了《不同人群预防新型冠状病毒感染口罩选择与使用技术指引》，可以根据不同的交通环境、社交距离选择合适的口罩，从表 13-2 展示的四种行为模式的相关性分析可以看出，交通出行方式、社交距离分别与佩戴口罩类型行为存在显著正相关性，因此在模型中不能同时纳入交通出行方式、社交距离、佩戴口罩类型这 3 种行为模式，故最终纳入模型的自变量为佩戴口罩类型和洗手时间。

表 13-3 展示了两种行为模式以及三个混杂因素依次加入模型后对流行性呼吸系统疾病累计确诊病例数的影响，表 13-4 则是对流行性呼吸系统疾病累计发病率的影响。从两个表中均可以看出在所有模型中，佩戴口罩类型和洗手时间均对流行性呼吸系统疾病传播有负面影响，说明佩戴口罩类型的防护级别越高、洗手时间越长均会在一定程度上抑制确诊病例数。此外，地区生产总值和城区面积均对确诊病例数和发病率有正向影响，这可能是因为地区生产总值高的省（区、市）较为发达，铁路交通发达，人口流动性大，因此确诊病例数较多。对于省（区、市）拥有的卫生机构床位数，不同的因变量出现了不同的趋势，在对累计发病率的研究中发现卫生机构床位数对其有抑制作用，说明医疗条件发达的省（区、市）流行性呼吸系统疾病防控措施更到位，可以调配更多的医疗资源，在一定程度上可以抑制流行性呼吸系统疾病的发展。

表13-2　交通出行方式、佩戴口罩类型、洗手时间、社交距离四种行为模式的相关性分析

	交通出行方式	佩戴口罩类型	洗手时间	社交距离
交通出行方式	1			
佩戴口罩类型	0.661*	1		
洗手时间	−0.151	0.026	1	
社交距离	0.585*	0.727*	0.067	1

注：* 表示两者间的相关性显著。

表13-3　佩戴口罩类型和洗手时间对流行性呼吸系统疾病传播早期累计确诊病例数的影响

模型	因素	回归系数β
模型一	佩戴口罩类型	−3 687 ± 1 450*
	洗手时间	−6 149 ± 6 149*
模型二	佩戴口罩类型	−2 528 ± 1 265*
	洗手时间	−2 684 ± 2 605
	卫生机构床位数	(1.43E−4) ± (5.00E−5)*

续表

模型	因素	回归系数β
模型三	佩戴口罩类型	−1 810 ± 1 288
	洗手时间	−1 459 ± 2 606
	卫生机构床位数	(7.498E−5) ± (6.255E−5)
	地区生产总值	(7.340E−8) ± (4.353E−8)
模型四	佩戴口罩类型	−2 146 ± 1 297
	洗手时间	−2 032 ± 2 617
	卫生机构床位数	7.716 ± 4.926
	地区生产总值	0.008 ± 0.005
	城区面积	−0.021 ± 0.0166

注：* 代表该行为模式对累计确诊病例数存在显著相关性。

表13-4　佩戴口罩类型和洗手时间对流行性呼吸系统疾病传播早期累计发病率的影响

模型	因素	回归系数β
模型一	佩戴口罩类型	−5.110 ± 2.379*
	洗手时间	−0.461 ± 4.676
模型二	佩戴口罩类型	−5.493 ± 2.561
	洗手时间	−1.349 ± 5.275
	卫生机构床位数	(−7.782E−8) ± (1.012E−7)
模型三	佩戴口罩类型	−4.679 ± 2.725
	洗手时间	−0.041 ± 5.516
	卫生机构床位数	(−1.535E−7) ± (1.324E−7)
	地区生产总值	(8.327E−11) ± (9.212E−11)
模型四	佩戴口罩类型	−5.518 ± 2.672*
	洗手时间	−2.094 ± 5.465
	卫生机构床位数	(−1.710E−7) ± (1.279E−7)
	地区生产总值	(3.032E−11) ± (9.436E−11)
	城区面积	(3.775E−5) ± (2.306E−5)

注：* 代表该行为模式对累计确诊病例数存在显著相关性。

由于6个片区的流行性呼吸系统疾病传播严重程度存在较为明显的空间特异性（华北累计确诊病例数697人，西北累计确诊病例数134人，华南累计发病率20.597%，西北累计发病率0.517%），因此我们利用GLM模型分析不同片区的累计确诊病例数和累计发病率的影响因素，同时把卫生机构床位数、地区生产总值和城区面积作为混杂因素进行调整。表13-5和表13-6分别为不同区域层面交通出行方式、佩戴口罩类型、社交距离以及总防护行为模式对累计确诊病例数和发病率的影响。

从表13-5可以看出，在华北地区，所有防护行为模式对累计确诊病例数均存在抑制作用，但单次洗手时间的结果不显著；华东地区，佩戴口罩类型、注意手卫生和社交距离均对累计确诊病例数有抑制作用，但结果并不显著，此外，交通出行方式对累计确诊病例数的β为81.92，且存在显著性，这可能是因为华东地区的上海、浙江、江苏等省市沿海，交通便利，人口众多，所以出现流行性呼吸系统疾病的时间早、暴发快，流行性呼吸系统疾病传播发展的情况对人群选择交通出行方式的影响更加明显；在华南地区，除社交距离以外的防护行为对流行性呼吸系统疾病发展均有抑制作用，其中佩戴口罩类型、单次洗手时间都是显著负相关；在西北地区，除交通出行方式外，其他三种行为模式对发病率均是抑制作用。由于流行性呼吸系统疾病传播早期和问卷调查均是深冬—初春季节，东北地区温度很低，当时居民室外出行频次显著低于其他地区，居家隔离措施执行效果较好，因此流行性呼吸系统疾病发展的情况对人群行为模式的影响更加明显。从表13-6可以看出，在华北地区，除注意手卫生外的所有防护行为模式对发病率均有明显的抑制作用；华东地区，只有佩戴口罩类型和注意手卫生对发病率有抑制作用，但结果并不显著；在华南地区，所有防护行为对流行性呼吸系统疾病发展均存在显著影响，其中交通出行方式、佩戴口罩类型、社交距离都是显著正相关，这可能是因为华南地区尤其是广州市人口流动量非常大，流行性呼吸系统疾病发展的情况对人群暴露行为模式的影响更加明显。

表13-5 不同片区下行为模式对累计确诊病例数的影响

行为模式	片区	汇总估计	
		回归系数β	标准差
交通出行方式	华北	-92.28*	27.91
	华东	81.92*	41.09
	华南	-1.258E-12	8.050E-13
	西北	2.713E-13*	9.562E-14
	东北	1.022E-12	4.778E-12
	西南	4.916E-12*	2.393E-13
佩戴口罩类型	华北	-104.2	16.52
	华东	-16.72	27.38
	华南	-1.280E-12*	4.955E-13
	西北	-1.644E-13	4.535E-14
	东北	4.434E-12	3.109E-12
	西南	2.313E-13	2.400E-13
单次洗手时间	华北	-2.59	16.93
	华东	-16.58	26.08
	华南	-3.583E-12*	7.997E-13
	西北	-3.251E-13*	6.133E-14
	东北	4.267E-12	2.943E-12
	西南	4.169E-13	4.596E-13
社交距离	华北	-36.54*	8.69
	华东	-7.69	13.72
	华南	0.000	0.000
	西北	-3.322E-13*	4.654E-14*
	东北	3.437E-12*	1.695E-12
	西南	-1.242E-12*	5.857E-13

注：* 代表该行为模式对累计确诊病例数存在显著相关性。

表13-6 不同片区下行为模式对累计发病率的影响

行为模式	片区	汇总估计	
		回归系数β	标准差
交通出行方式	华北	−0.118 80*	0.038 36
	华东	0.112 40*	0.067 88
	华南	32.570 00*	8.624 00
	西北	0.151 50*	0.025 46
	东北	0.000 00	0.000 00
	西南	0.070 60	0.046 21
佩戴口罩类型	华北	−0.139 90*	0.022 72
	华东	−0.005 88	0.045 23
	华南	32.950 00*	5.151 00
	西北	−0.005 59	0.022 56
	东北	0.000 00	0.000 00
	西南	−0.010 68	0.026 36
单次洗手时间	华北	0.009 72	0.023 27
	华东	−0.006 64	0.043 07
	华南	−10.270 00*	5.444 00
	西北	−0.012 67	0.021 90
	东北	0.000 00	0.000 00
	西南	−0.018 04	0.027 89
社交距离	华北	−0.035 76*	0.011 95
	华东	0.010 66	0.022 64
	华南	21.890 00*	2.681 00
	西北	−0.006 20	0.012 01
	东北	0.000 00	0.000 00
	西南	0.030 24*	0.014 47
总防护行为模式	华北	−0.030 46*	0.007 23
	华东	0.007 66	0.014 11
	华南	11.390 00*	1.620 00
	西北	0.006 74	0.006 78
	东北	0.000 00	0.000 00
	西南	0.010 22*	0.008 62

注：* 代表该行为模式对发病率存在显著相关性。

如表 13-7 和表 13-8 所示，不同性别人群的行为模式因素与地区效应相似，尽管一些模型未达到显著性，但我们可以看出各种行为模式对确诊人数和发病率的影响趋势。总体来看，单因素分析结果显示，交通出行方式和社交距离是对流行性呼吸系统疾病传播影响最大的行为模式，且对女性的影响程度高于男性。

表13-7 不同片区下不同性别的行为模式对累计确诊病例数的影响

行为模式	片区	汇总估计	
		男性	女性
交通出行方式	华北	−70.63	−99.15*
	华东	149.30*	24.16
	华南	29.17	14.06
	东北	3.89E−12	−1.56E−12*
	西北	−29.95*	19.55
	西南	8.77	−2.37
佩戴口罩类型	华北	−91.21*	−108.70*
	华东	6.12	−36.01
	华南	15.22	−50.04
	东北	1.92E−12	3.51E−13
	西北	−18.50	−11.26
	西南	−6.65	−4.83
单次洗手时间	华北	−6.68	−3.69
	华东	−48.91	13.05
	华南	37.73	−12.84
	东北	1.38E−12	6.97E−13*
	西北	−7.05	19.36
	西南	−11.89	13.37*
社交距离	华北	−33.85*	−36.26*
	华东	−9.72	−8.38
	华南	30.24	25.17
	东北	1.75E−12	−1.16E−12*
	西北	−8.35	−17.07*
	西南	−4.55	−5.07

注：* 代表该行为模式对累计确诊病例数存在显著相关性。

表13-8 不同片区下不同性别的行为模式对累计发病率的影响

行为模式	片区	汇总估计	
		男性	女性
交通出行方式	华北	-0.082 44	-0.126 80*
	华东	0.207 80*	0.024 79
	华南	23.664 61	40.400 00*
	西北	0.146 10*	0.130 00*
	西南	0.033 40	0.089 34
佩戴口罩类型	华北	-0.123 80*	-0.141 90*
	华东	0.053 83	-0.054 44
	华南	21.729 79*	39.980 00*
	西北	-0.002 21	-0.008 88
	西南	-0.075 26	0.031 51
单次洗手时间	华北	0.009 78	0.000 33
	华东	-0.054 66	0.038 79
	华南	-12.540 00*	-8.720 00*
	西北	0.006 05	-0.025 29
	西南	-0.067 13	0.013 80
社交距离	华北	-0.036 80	-0.031 19
	华东	0.028 84	-0.009 22
	华南	17.593 83*	24.270 00*
	西北	-0.008 92	-0.002 81
	西南	0.013 84	0.039 19*

注：* 代表该行为模式对发病率存在显著相关性。

13.4 本章小结

（1）2020 年初流行性呼吸系统疾病的传播发展受多种因素的影响。

城区面积、地区生产总值、卫生机构床位数在一定程度上都会影响城市的流行性呼吸系统疾病发展情况，在人群行为模式对流行性呼吸系统疾病影响的分析中需要作为混杂变量在模型中进行调整。

（2）研究采用赋值法对所有调查人群的环境暴露相关的行为模式进行分析，将佩戴口罩类型和单次洗手时间纳入模型中。结果显示，佩戴口罩类型和洗手时间均对流行性呼吸系统疾病传播有负面影响，在一定程度上可抑制确诊病例数增长，延缓流行性呼吸系统疾病的传播与发展。

（3）建议深入开展人群环境暴露行为、地理气候、社会经济、生活习惯等因素对流行性呼吸系统疾病的综合影响，以期为类似呼吸系统疾病传播的防控措施的科学制定提供依据，为今后类似突发公共卫生事件的早期预警和防范提供依据。

参考文献

国家卫生健康委员会，2020. 关于印发不同人群预防新型冠状病毒感染口罩选择与使用技术指引的通知 [EB/OL]. (2020-02-05). http://www.nhc.gov.cn/xcs/zhengcwj/202002/485e5bd019924087a5614c4f1db135a2.shtml.

BANIASAD M，MOFRAD M G，BAHMANABADI B，et al.，2021. COVID-19 in Asia: Transmission factors，re-opening policies，and vaccination simulation[J]. Environmental Research，202: 111657.

CHENG V，WONG S C，CHUANG V，et al.，2020. The role of community-wide wearing of face mask for control of coronavirus disease 2019 (COVID-19) epidemic due to SARS-CoV-2[J]. Journal of Infection，81(1):107-114.

LI T，LIU Y，LI M，et al.，2020. Mask or no mask for COVID-19: A public health and market study[J]. PloS one，15(8): e0237691.

TESLYA A，PHAM T M，GODIJK N G，et al.，2020. Impact of self-imposed prevention measures and short-term government-imposed social distancing on mitigating and delaying a COVID-19 epidemic: A modelling study[J]. PLoS Medicine，17(7): e1003166.

TIAN H Y，LIU Y H，LI Y D，et al.，2020. An investigation of transmission control measures during the first 50 days of the COVID-19 epidemic in China[J]. Science，368(6491): 638.

WANG Y，TIAN H Y，ZHANG L，et al.，2020. Reduction of secondary transmission of SARS-CoV-2 in households by face mask use，disinfection and social distancing: a cohort study in Beijing，China[J]. BMJ Global Health，5(5): e002794.

ZHANG R Y，LI Y X，ZHANG A L，et al.，2020. Identifying airborne transmission as the dominant route for the spread of COVID-19[J]. Proceedings of the National Academy of Sciences，117(26): 14857.